2025

Training

Abschlussprüfung

Realschule Baden-Württemberg

Mathematik

STARK

Bildnachweis:

S. 1: © Joe Gough/Dreamstime.com
S. 125: © Florea Marius Catalin/Fotolia.com

18. ergänzte Auflage
www.stark-verlag.de

Inhalt

Um dir die Prüfung 2024 schnellstmöglich zur Verfügung stellen zu können, wird diese in digitaler Form veröffentlicht.
Sobald die Original-Prüfungsaufgaben 2024 freigegeben sind, können sie als PDF auf der Plattform MySTARK heruntergeladen werden (Zugangscode vgl. Umschlaginnenseite).

Autoren:
Christian Schindler, Dieter Gauß, Lukas Hellinger

Vorwort

Liebe Schülerin, lieber Schüler,

mit vorliegendem Buch kannst du dich langfristig und nachhaltig auf die zentrale Abschlussprüfung in Mathematik vorbereiten.
Gerade bei einer zentral gestellten Prüfung ist das **Grundlagenwissen** besonders wichtig. Die Aufgaben in der Prüfung bauen auf einem möglichst breiten Wissen auch aus früheren Jahrgangsstufen auf. Die Prüfungsvorbereitung sollte deshalb eine Gesamtwiederholung darstellen.

- Das Buch beginnt mit einem ausführlichen **Trainingsteil**, in dem du sowohl den grundlegenden Stoff der früheren Klassen wiederholen als auch die Inhalte der 9. und 10. Jahrgangsstufe festigen kannst.
  Die einzelnen Kapitel bieten dir die Möglichkeit, dich auf sämtliche prüfungsrelevante Bereiche intensiv vorzubereiten. In den Kapiteln findest du insgesamt über 140 Aufgaben, anhand derer du deine Fähigkeiten ganz gezielt trainieren kannst. Herausfordernde Aufgaben sind mit einem * gekennzeichnet.
- Im letzten Kapitel findest du die **Original-Abschlussprüfung 2023**, die **Original-Abschlussprüfung 2024** steht dir auf der Plattform **MySTARK** (www.stark-verlag.de/mystark) zum Download zur Verfügung (Zugangscode vgl. Umschlaginnenseite). Hier hast du die Möglichkeit, unter Prüfungsbedingungen zu üben. Versuche die Aufgaben in der vorgegebenen Zeit und nur mit den zugelassenen Hilfsmitteln zu lösen. Genaueres zu den Prüfungsmodalitäten findest du im folgenden Kapitel. Wenn du merkst, dass du immer wieder über dasselbe Problem stolperst, solltest du das entsprechende Trainingskapitel wiederholen.

Zu allen Aufgaben des Trainingsteils und zu den Original-Abschlussprüfungen gibt es in einem separaten Buch (Bestell-Nr. J08100L) ausführliche **Lösungen**, in denen jeder Rechenschritt erklärt ist. Zahlreiche Skizzen zur Veranschaulichung helfen dir beim Nachvollziehen von Sachverhalten. Beachte: Du solltest immer versuchen, die Lösung selbst zu finden, und erst dann mit dem Lösungsbuch vergleichen. Nur wenn man sich selbst anstrengt, bleibt der Stoff auch im Gedächtnis und man lernt dazu.

Wenn du den Inhalt dieses Buches beherrschst, bist du bestens auf die Prüfung vorbereitet. Du wirst sehen: Übung macht den Meister!

Sollten nach Erscheinen dieses Bandes noch wichtige Änderungen in der Abschlussprüfung 2025 vom Schulministerium bekannt gegeben werden, findest du aktuelle Informationen dazu ebenfalls auf der Plattform MySTARK.

Die Autoren und der STARK Verlag wünschen dir für die Prüfung viel Erfolg!

Hinweise zur Prüfung

Die Abschlussprüfung im Fach Mathematik setzt sich aus einer ersten Arbeitsphase für den hilfsmittelfreien Teil A 1 (hier sind Taschenrechner und Formelsammlung **nicht** erlaubt) und einer zweiten Arbeitsphase zusammen, in der die Teile A 2 und B bearbeitet werden (mit Taschenrechner und Formelsammlung). Bei den Teilen A 1 und A 2 handelt es sich um Pflichtaufgaben, der Teil B enthält die Wahlaufgaben.
Mit dem Teil A 1 gibt es damit einen Prüfungsteil, der ohne Hilfsmittel (Zeichengeräte ausgenommen) bewältigt werden muss. Die Gesamtarbeitszeit beträgt regulär 210 min (3 h und 30 min).

	Zugelassene Hilfsmittel	**Aufgaben**	**Arbeitszeit**
Teil A 1	▶ Zeichenwerkzeug wie z. B. Geodreieck und Parabelschablone	▶ Alle Aufgaben im Teil A 1 sind Pflichtaufgaben.	**45 min**
20 min Pause			
Teil A 2 **Teil B**	▶ Zeichenwerkzeug wie z. B. Geodreieck und Parabelschablone ▶ Formelsammlung (muss zugelassen sein) ▶ Taschenrechner (darf nicht programmierbar sein)	▶ Alle Aufgaben im Teil A 2 sind Pflichtaufgaben. ▶ Im Teil B müssen zwei von drei Aufgaben vollständig bearbeitet werden.	**165 min** **(2 h 45 min)**

Die Aufgaben im **Pflichtteil A 1 und A 2** sind gewöhnlich weniger komplex aufgebaut. Zu ihrer Lösung werden vor allem Grundkenntnisse und Grundfertigkeiten verlangt. Die Aufgaben im hilfsmittelfreien Teil A 1 benötigen in der Regel weniger Rechenschritte als in den anderen Teilen. Teilweise kann hier die ermittelte Lösung ohne weitere Rechnung auf dem Angabenblatt eingetragen werden.
Wie der Name Pflichtteil sagt, musst du alle Aufgaben lösen.

Die Aufgaben im **Wahlteil B** sind komplexer und besitzen einen höheren Schwierigkeitsgrad als im Pflichtteil. Jede Aufgabe im Wahlteil hat die Teilaufgaben a und b. Die beiden Teilaufgaben sind in der Regel voneinander unabhängig, d. h., Teilaufgabe b kann ohne Teilaufgabe a gelöst werden und umgekehrt. In jeder Wahlaufgabe kommt in einer Teilaufgabe die Leitidee „Funktionaler Zusammenhang“ vor, also Aufgaben zu linearen und/oder quadratischen Funktionen.
Von den vier vom Ministerium zur Verfügung gestellten Wahlaufgaben werden von der Fachlehrkraft drei ausgewählt und den Prüflingen vorgelegt. Von diesen drei Aufgaben sind zwei zu lösen. Welche du löst, kannst du – der Name Wahlteil sagt es – auswählen. Bearbeitest du alle drei gestellten Aufgaben, werden die besten zwei gewertet.

Hinweise und Tipps

Bei keinem anderen (Haupt-)Fach gehen die Meinungen unter Schülerinnen und Schülern – und auch Erwachsenen – so weit auseinander wie bei Mathematik. Einige lieben es und benötigen kaum Zeit, um neue Inhalte zu verstehen oder sich auf eine Arbeit vorzubereiten, für andere ist es das „Hassfach Nr. 1“ und Lernen eine Qual.
Für die Abschlussprüfung ist keine der beiden Haltungen – „es auf die leichte Schulter nehmen“ bzw. emotionale Ablehnung – zielführend. In vielerlei Hinsicht unterscheidet sich eine Abschlussprüfung von den bekannten Tests und Klassenarbeiten (bis Klasse 9): Themenumfang, Aufgabenfülle und nötige Konzentrationsdauer, erforderliche Arbeitsgeschwindigkeit, Wahlmöglichkeiten, hilfsmittelfreier Teil. Zudem folgen alle Prüfungen in den verschiedenen Fächern dicht aufeinander.
Daher sind neben Wissen und Verständnis vor allem Routine (durch viel Üben erworbene Effektivität, Geschicklichkeit und Sicherheit) und das zielstrebige und effektive Lösen von Aufgaben wichtig. Die folgenden Absätze geben Hinweise und Tipps, wie Vorbereitung und Prüfung gelingen.

Vorbereitung im 10. Schuljahr

Grundsätzlich beziehen sich die Aufgaben der Prüfung auf die Inhalte des Mathematikunterrichts in den Klassen 7–10[1]. Eine Vorbereitung „kurz vorher“ ist aufgrund des Themenumfangs nicht möglich. Allerdings werden im Mathematikunterricht der 10. Klasse alle nötigen Themen wiederholt und abgeschlossen[2]. Du erleichterst dir die Vorbereitung auf die Prüfung selbst daher wesentlich, wenn du die gesamte 10. Klasse als Übung und Vorbereitung auf die Abschlussprüfung betrachtest:

- Verfolge den **Unterricht** aufmerksam. Versuche, das Vorgehen beim Lösen in der Klasse gerechneter Aufgaben direkt zu verstehen. Dies gelingt am besten, wenn du aktiv und motiviert teilnimmst, dich meldest, Vorschläge für den nächsten Rechenschritt machst und bei Unklarheiten sofort nachfragst. Du wirst merken, dass so auch mehr Stoff „hängenbleibt“ und der Unterricht schneller vorbeigeht.
- Nimm die **(Haus-)Aufgaben** ernst. Versuche, sie zunächst selbstständig und konzentriert zu lösen. Wenn du Hilfe brauchst, gehe auf eine*n Mitschüler*in zu oder frage jemanden, der mit dem Stoff sicher umgeht (Lehrer*in, Erwachsene, Nachhilfe). Wenn du dir sicherer bist, dann stelle eine Stopp- oder Sanduhr auf und prüfe, wie lange du brauchst. Frage deinen Lehrer oder deine Lehrerin, ob deine Rechengeschwindigkeit ausreicht.
- Versuche, benötigte **Formeln** zu **verstehen**. Lerne sie nicht stur auswendig oder schaue jedes Mal in der Formelsammlung nach, sondern frage dich, warum gerade diese Formel richtig ist.
- Solltest du merken, dass du in einem Gebiet aus einer früheren Jahrgangsstufe immer noch **Schwierigkeiten** hast, dann kümmere dich möglichst zeitnah darum. Streiche dir

[1] Realschulabschlussprüfungsordnung RSAPO §9 Abs. 2

[2] Das einzig komplett neue Themengebiet ist Trigonometrie.

das Thema an (z. B. auf der folgenden Mindmap) und setze dir einen Termin, an dem du dich damit auseinandersetzt. Schiebe es auf keinen Fall bis zur Prüfung auf! Neben dem Wiederholen mit Buch oder Heft findest du auch im Internet jede Menge Erklärvideos. Außerdem kannst du deine*n Lehrer*in um eine Wiederholungsstunde oder passende Materialien bitten. Auch Mitschüler*innen oder Erwachsene können eine große Hilfe sein.

- Löse zwischendurch auch immer wieder **Aufgaben aus einem anderen Themengebiet**. Damit sorgst du dafür, dass die verschiedenen Themen im Gedächtnis bleiben und du sie nicht bis zur Intensiv-Übungsphase vernachlässigst und vergisst. Bitte eventuell auch deine*n Lehrer*in, dies bei der Vergabe der Hausaufgaben zu berücksichtigen.
- Ein routinierter Umgang mit dem **Taschenrechner** ist wichtig, um in der Prüfung keine Bedienfehler zu machen oder unnötig Zeit zu verlieren. Bei der Bedienung des Taschenrechners sollten daher keine Fragen offenbleiben. Weißt du, wie du einen Bruch als Dezimalzahl anzeigen lassen kannst, das Ergebnis aus der letzten Rechnung in die nächste einsetzt, die dritte Wurzel ziehst, den Winkel aus einem Seitenverhältnis bestimmst und zwischen Grad- und Bogenmaßangaben umstellst? Manche Taschenrechner unterscheiden zwischen Minus-Rechenzeichen und Minus-Vorzeichen – überprüfe das, falls du beim Rechnen auf „Syntax Error" stößt.
- Andererseits ist sicheres **Kopfrechnen** elementar. Im hilfsmittelfreien Teil A 1 der Abschlussprüfung ist es unabdingbar und auch sonst zur Zeitersparnis und zum Überschlagen der Ergebnisse ein großer Vorteil. Wer etwa $2 \cdot \frac{1}{2}$ extra in den Taschenrechner eingeben muss, verliert wertvolle Zeit. Für ganze Zahlen bietet dir z. B. SIKORE (https://www.sikore.schiffner-tischer.de) eine kurzweilige Trainingsmöglichkeit.
- Achte bei allen Aufgaben auf eine **saubere, schlüssige Form**. Dies hilft nicht nur anderen, sondern vor allem dir selbst beim Nachvollziehen des Lösungswegs. Als Vorlage kannst du u. a. die ausführlichen Lösungen in diesem Buch nutzen.
- Weißt du, welcher **Lerntyp** du bist, über welchen Sinn du am ehesten aufnimmst? Gehörst du z. B. zum auditiven Lerntyp, dann könnten dir auch Mathesongs zum Einprägen wichtiger Zusammenhänge (z. B. binomische Formeln) helfen. Du findest auch hierzu genug im Internet.

Intensiv-Übungsphase

Nach der letzten Klassenarbeit beginnt auch im Unterricht die intensive Vorbereitung auf die Abschlussprüfung. Nimm dies zum Anlass, auch deine eigene Vorbereitung zu intensivieren. Spätestens in den Osterferien ist es sinnvoll, dir selbst einen Stundenplan zu geben und nach diesem zu lernen. Schrecke dabei nicht vor der Fülle der Themen zurück, sondern gehe eines nach dem anderen strukturiert an.

- Verschaffe dir einen **Überblick**. Was brauchst du alles? Wo bist du dir sicher, wo musst du noch etwas tun? Die Mindmap am Ende des Kapitels hilft dir dabei. Überlege dann, wie du dir das Lernen einteilst (z. B. „Am Montag übe ich von 15–17 Uhr Trigonometrie, am Dienstag rechne ich ab 9 Uhr die Abschlussprüfung 2023 durch, …"). Vielleicht hilft es dir auch, einen Ordner zu den Themen anzulegen.
- Deine **Einstellung** spielt eine sehr wichtige Rolle: Streiche auf jeden Fall „Ich kann das nicht!" aus deinem Wortschatz und deinen Gedanken. Stattdessen setze „Daran muss ich noch arbeiten!". Gehe also positiv an den Lernstoff und die Aufgaben heran.

- **Arbeite konzentriert und motiviert** an den Aufgaben, versuche einen ruhigen Raum und Zeitpunkt zu finden und schalte das Handy aus. Schaue nicht beim ersten Hänger in die Lösungen – schließlich geht das bei der Abschlussprüfung auch nicht! Knobele, überprüfe andere Lösungsmöglichkeiten. Wenn das nicht hilft, atme tief ein und schnaufe durch, lass den Blick schweifen, denk noch einmal neu. Hilft auch das nicht, dann lege die Aufgabe weg und gehe zuerst an eine andere Aufgabe. Hast du diese gelöst, dann versuche es noch einmal.
- Trainiere deine **Ausdauer**. Arbeite auch einmal 2 oder 3 Stunden am Stück an Aufgaben. Denke aber daran, zwischendurch zu trinken oder auch eine Kleinigkeit zu essen (wie in der Abschlussprüfung).
- Löse Aufgaben **allein** – in der Abschlussprüfung bist du auch auf dich selbst gestellt. Besprich deine Lösungen mit anderen und vergleiche sie – so könnt ihr voneinander lernen.
- Löse Aufgaben **auf Zeit**. Als Richtwerte kannst du 10–15 min für A2-Aufgaben (Pflichtteil) und 15–20 min für einen B-Aufgabenteil (Wahlteil) veranschlagen. Aber auch die Punkte geben einen Hinweis auf den Umfang: Wenn du z. B. für eine 3-Punkte-Aufgabe acht Rechenschritte brauchst, dann hast du dich vermutlich verzettelt. Verfahre ebenso mit dem kompletten A1-Teil und ganzen Abschlussprüfungen. Die Zeitvorgaben findest du vorne unter „Hinweise zur Prüfung". Je nach Ergebnis musst du Rechen- oder Schreibgeschwindigkeit optimieren.
- Notiere bei deinen Rechenschritten immer auch den **Rechenansatz**. Das hilft nicht nur beim Verständnis, sondern kann bei einem anschließenden Denk- oder Rechenfehler auch wertvolle Punkte retten.
- Achte beim Rechnen ebenso auf **formale Regeln** wie z. B. Streckenstriche, Rundungsvorgaben. Eine Missachtung birgt das Risiko von unnötigem Punktabzug. Frage ggf. deine*n Lehrer*in hierzu – die Bewertungsregeln können sich von Schule zu Schule unterscheiden.
- Kontrolliere deine Ergebnisse immer auf **Sinnhaftigkeit:** Ist z. B. die errechnete Kathete länger als die Hypotenuse, kann etwas nicht stimmen. In der Algebra muss man – bis auf das Modellieren – in der Regel nicht runden, d. h., in der Lösungsformel lässt sich die Wurzel ziehen, ohne dass eine lange Dezimalzahl (reelle Zahl) entsteht. Bei einfachen Rechnungen kann ein Überschlag zur Kontrolle nützlich sein.
- Wenn deine Lösung nicht richtig ist, ist das erst einmal nicht schlimm. Denke aber nicht „Och nee, schon wieder falsch!", sondern suche gezielt deinen **Fehler**, indem du die Lösungsschritte vergleichst und ggf. jemand anderen hinzuziehst. Versuche trotzdem, deine typischen Fehler zu identifizieren und sie zu vermeiden.
- Wichtige, für den hilfsmittelfreien Prüfungsteil **relevante Zusammenhänge** solltest du auswendig können und verstehen. Für die anderen Teile solltest du den Einsatz und den Umgang mit der **Formelsammlung** üben. Mache dir klar, wo du was findest – aber setze keine Markierungen, denn das ist in der Abschlussprüfung nicht zulässig. Manche im Unterricht evtl. nicht behandelte Formel (z. B. die Flächeninhaltsformel eines regelmäßigen Sechsecks) kann dir in der Abschlussprüfung nützlich sein, wenn du sie kennst und richtig einsetzen kannst. Ein gezielter Umgang mit der Formelsammlung spart in jedem Fall eine Menge Zeit.
- Biete deinen Mitschülern und Mitschülerinnen an, ihnen ein Thema zu **erklären**, dass du bereits verstanden hast. Dabei festigt sich dein Wissen noch weiter.

Die Abschlussprüfung steht an ...

- Lerne nicht noch **kurz vorher** irgendetwas – dies erhöht nur deine Nervosität und du läufst Gefahr, dich darin zu verheddern und den Überblick zu verlieren. Lass dich nicht von anderen aus der Ruhe bringen, selbst wenn du merkst, dass du ein Teilthema irgendwie vergessen hast.
- Gehe **ruhig** an die Aufgaben heran und verschaffe dir erst einmal einen Überblick. Beginne mit einer Aufgabe, die dir leichtfällt – du musst die Reihenfolge der Aufgaben nicht einhalten. So startest du positiv in die Prüfung.
- Nutze zum Markieren und Eintragen immer die vorhandenen Skizzen oder Tabellen auf dem **Angabenblatt**. Das ist erlaubt und erwünscht. Das Selbstzeichnen oder Abzeichnen kostet zu viel Zeit.
- Falls am Ende die **Zeit** doch knapp wird: Schließe lieber eine Aufgabe stimmig ab, anstatt noch schnell alle möglichen Aufgaben anzufangen.
  Falls du jedoch Zeit übrighast: Gehe auf jeden Fall deine Löungen noch einmal durch und kontrolliere auf nachvollziehbare Struktur, formale Regeln und Sinnhaftigkeit der Ergebnisse.

Aufgaben lösen – Vorgehen

Es gibt nicht *das* Lösungsschema, das sich auf alle Aufgaben anwenden lässt. Mit folgendem Vorgehen solltest du allerdings bei vielen Aufgaben gut vorankommen:

Schritt 1

Welcher Themenbereich?
Mache dir zunächst klar, in welches Themengebiet die zu bearbeitende Aufgabe gehört. Dies findest du beim Überfliegen des Textes oder Betrachten der Grafiken schnell heraus.

Schritt 2

Wichtiges im Aufgabentext markieren
Lies die Aufgabe genau durch und unterstreiche oder markiere wichtige Angaben. Dabei sind nicht nur Zahlen wichtig, sondern auch Objektbeschreibungen (z. B. Trapez mit ...) oder Beziehungen (doppelt so lang; parallel), entscheidende Wörter (z. B. genau, höchstens) oder Operatoren (z. B. berechne, bestimme, begründe). Manchmal kannst du aus einer gegebenen Abbildung selbst noch etwas ablesen (z. B. Punktkoordinaten in einem Graphen, Wahrscheinlichkeiten im Baumdiagramm) – berücksichtige dies ebenfalls.

Schritt 3

Wichtiges in der Skizze markieren
Vorrangig bei Geometrieaufgaben: Markiere – falls vorhanden – Gegebenes und Gesuchtes verschiedenfarbig in der Skizze der Aufgabenstellung.

Schritt 4

Zerlegung in Teilaufgaben
Versuche, die Aufgabe in einzelne Teilaufgaben zu zerlegen. Insbesondere bei Aufgaben zum Sachrechnen und bei Wahlaufgaben gibt es oft zwei oder drei gesuchte Größen.

Schritt 5

Lösungsstrategie
Fast alle Lösungen benötigen mehrere Rechenschritte, insbesondere bei Aufgaben zur Geometrie oder zu Funktionen.

- Überlege, wo du beginnen kannst.
- Überlege, wie du zur gesuchten Größe kommst. Skizziere diesen Weg oder gehe ihn im Kopf durch.
- Denke rückwärts: Überlege, was du für die gesuchte Größe brauchst. Sind z. B. die Schnittpunkte zweier Funktionen gefragt, aber nur eine Funktionsgleichung gegeben, musst du zunächst die zweite Funktionsgleichung aufstellen.

Weitere Hinweise speziell zu Geometrieaufgaben findest du im Kapitel 4.5.

Schritt 6

Lösung
Notiere für die einzelnen Lösungsschritte den Rechenansatz, forme die Formel um (falls nötig), setze ein und berechne das (Zwischen-)Ergebnis. Überprüfe jedes Ergebnis auf Sinnhaftigkeit und markiere ggf. Berechnetes in der Skizze.

Schritt 7

Antwortsatz
Formuliere einen Antwortsatz, wenn die Aufgabenstellung einen erfordert. Bei Text- und Sachaufgaben ist das generell der Fall.

Beispielaufgabe

Auf der Parabel p: $y = x^2 - 2x - 1$ liegt der Punkt $P(3 \mid y_P)$. Durch den Scheitelpunkt S von Parabel p und den Punkt P verläuft die Gerade g. Die Gerade g schließt mit den Koordinatenachsen ein Dreieck ein. Berechne dessen Umfang.

Schritt 1

Welcher Themenbereich?
Es handelt sich um das Thema Funktionen; sowohl lineare als auch quadratische Funktionen und mehrere Aufgabentypen dazu. Zum Schluss ist daneben noch der Umfang eines Dreiecks zu bestimmen.

Schritt 2

Wichtiges im Aufgabentext markieren
Auf der Parabel p: $y = x^2 - 2x - 1$ liegt der Punkt $P(3 \mid y_P)$. Durch den Scheitelpunkt S von Parabel p und den Punkt P verläuft die Gerade g. Die Gerade g schließt mit den Koordinatenachsen ein Dreieck ein. Berechne dessen Umfang.

Schritt 3

Wichtiges in der Skizze markieren
Entfällt hier, da in der Aufgabenstellung keine Skizze vorhanden ist. (Erstelle ggf. selbst eine Skizze, wenn es dir bei der Lösung hilft. Die Skizze muss nicht exakt sein, sie soll nur den Sachverhalt ausreichend genau veranschaulichen.)

Schritt 4

Zerlegung in Teilaufgaben
Hier gibt es nur eine gesuchte Größe, nämlich den Umfang des Dreiecks. Allerdings ist klar, dass man zunächst Punkt P und Scheitelpunkt S berechnen und damit die Funktionsgleichung von Gerade g bestimmen muss. Im Detail ergeben sich folgende Teilaufgaben:

- Koordinaten von Punkt P berechnen
- Koordinaten von Punkt S berechnen
- Funktionsgleichung von Gerade g bestimmen:
  - Steigungsfaktor m berechnen
  - y-Achsenabschnitt c berechnen
- Umfang u des Dreiecks mit den Eckpunkten OCN berechnen:
  - $\overline{OC}$ berechnen
  - $\overline{ON}$ berechnen
  - $\overline{CN}$ berechnen

Schritt 5

Lösungsstrategie

Die zuvor erarbeiteten Teilaufgaben lassen sich der Reihenfolge nach abarbeiten. Die jeweils benötigten Methoden können in einem Lösungsschema übersichtlich festgehalten werden:

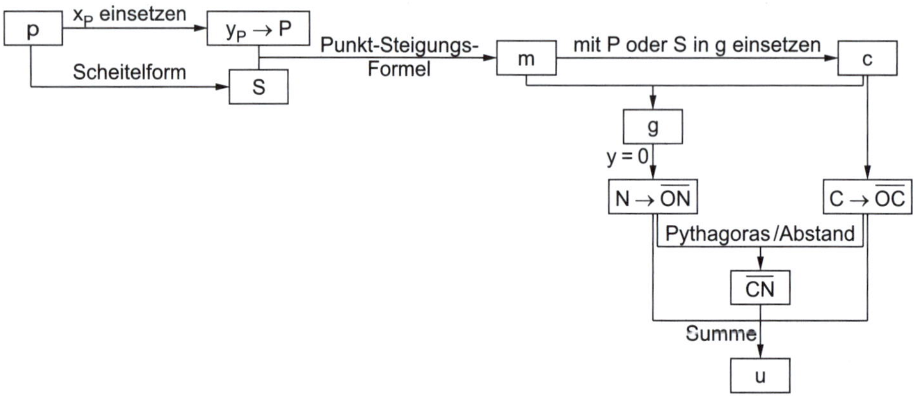

(Das Lösungsschema lässt sich auch rückwärts entwickeln: Für den Umfang benötigt man die Länge aller Dreiecksseiten. Also sind die Schnittpunkte von Gerade g mit den Koordinatenachsen zu bestimmen. Dazu benötigt man die Funktionsgleichung von g usw.)

Schritt 6

Lösung

Berechnung der Koordinaten von Punkt P:

$p\colon\ y = x^2 - 2x - 1 \qquad |\, P(3\,|\,y_P)$

$y_P = 3^2 - 2 \cdot 3 - 1$

$y_P = 9 - 6 - 1$

$y_P = 2$

$\Rightarrow \underline{P(3\,|\,2)}$

Berechnung der Koordinaten von Scheitelpunkt S von Parabel p:

$y = x^2 - 2x - 1 \qquad |\,\text{quadr. Ergänzung}$

$y = \underbrace{x^2 - 2x + 1^2}_{} - 1^2 - 1$

$y = \quad (x-1)^2 \quad -2$

$\Rightarrow \underline{S(1\,|\,-2)}$

Skizze:

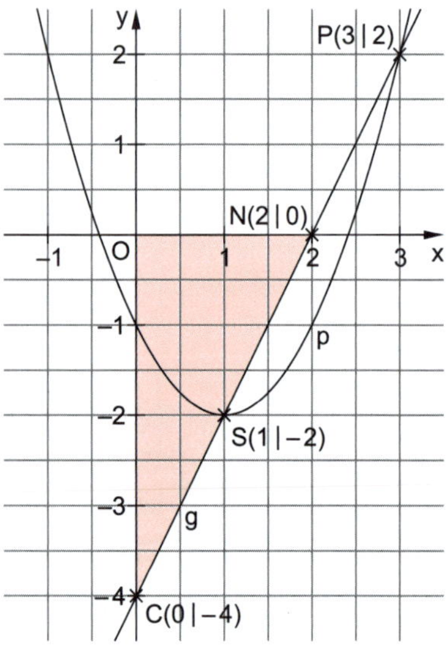

Bestimmung der Funktionsgleichung von Gerade g

Berechnung von Steigungsfaktor m von Gerade g:

$$m = \frac{y_S - y_P}{x_S - x_P} = \frac{-2-2}{1-3} = \frac{-4}{-2} = \underline{2}$$

Berechnung von y-Achsenabschnitt c von Gerade g:

$$\begin{aligned} g\colon y &= mx + c && | \, m = 2 \\ y &= 2x + c && | \, P(3|2) \\ 2 &= 2 \cdot 3 + c && | -6 \\ c &= \underline{-4} \end{aligned}$$

$$\Rightarrow \quad g\colon \underline{y = 2x - 4}$$

Berechnung des Umfangs u des gesuchten Dreiecks

Bestimmung der Koordinaten des Schnittpunkts C von Gerade g mit der y-Achse und von $\overline{OC}$:

$$c = -4 \quad \Rightarrow \quad C(0|-4) \quad \Rightarrow \quad \overline{OC} = |y_C| = |-4| = \underline{4\text{ LE}}$$

Bestimmung der Koordinaten des Schnittpunkts N von Gerade g mit der x-Achse und von $\overline{ON}$:

$$\begin{aligned} y &= 2x - 4 && | \, y = 0 \\ 0 &= 2x_N - 4 && | +4 \\ 2x_N &= 4 && | :2 \\ x_N &= \underline{2} \end{aligned}$$

$$\Rightarrow \quad \underline{N(2|0)} \quad \Rightarrow \quad \overline{ON} = |x_N| = |2| = \underline{2\text{ LE}}$$

Bestimmung von $\overline{CN}$:

$$\begin{aligned} \overline{CN}^2 &= \overline{OC}^2 + \overline{ON}^2 \\ \overline{CN}^2 &= 4^2 + 2^2 && | \sqrt{} \\ \overline{CN} &= \underline{4{,}47\text{ LE}} \end{aligned}$$

Berechnung des Umfangs u von Dreieck CNO:

$$u = \overline{OC} + \overline{CN} + \overline{ON} = 4 + 4{,}47 + 2 = \underline{\underline{10{,}5\text{ LE}}}$$

Schritt 7

Antwortsatz

Der Operator „Berechne" zeigt an, dass hier eine Rechnung genügt; ein Antwortsatz muss nicht formuliert werden.

Zur Mindmap

Auf der folgenden Seite findest du eine Mindmap mit Themen, Aufgabentypen und wichtigen Begriffen. Sie kann beim Strukturieren, beim Einteilen der Lernphasen und bei der Überprüfung deines Wissens hilfreich sein. Das Buch ist in sehr ähnlicher Weise strukturiert, sodass du über das Inhaltsverzeichnis schnell passende Hilfestellungen zum Thema bekommst. Zusätzlich zeigen die Label A1, A2 und B an, wenn ein Thema nur in einem bestimmten Teil der Abschlussprüfung vorkommt.

Mindmap

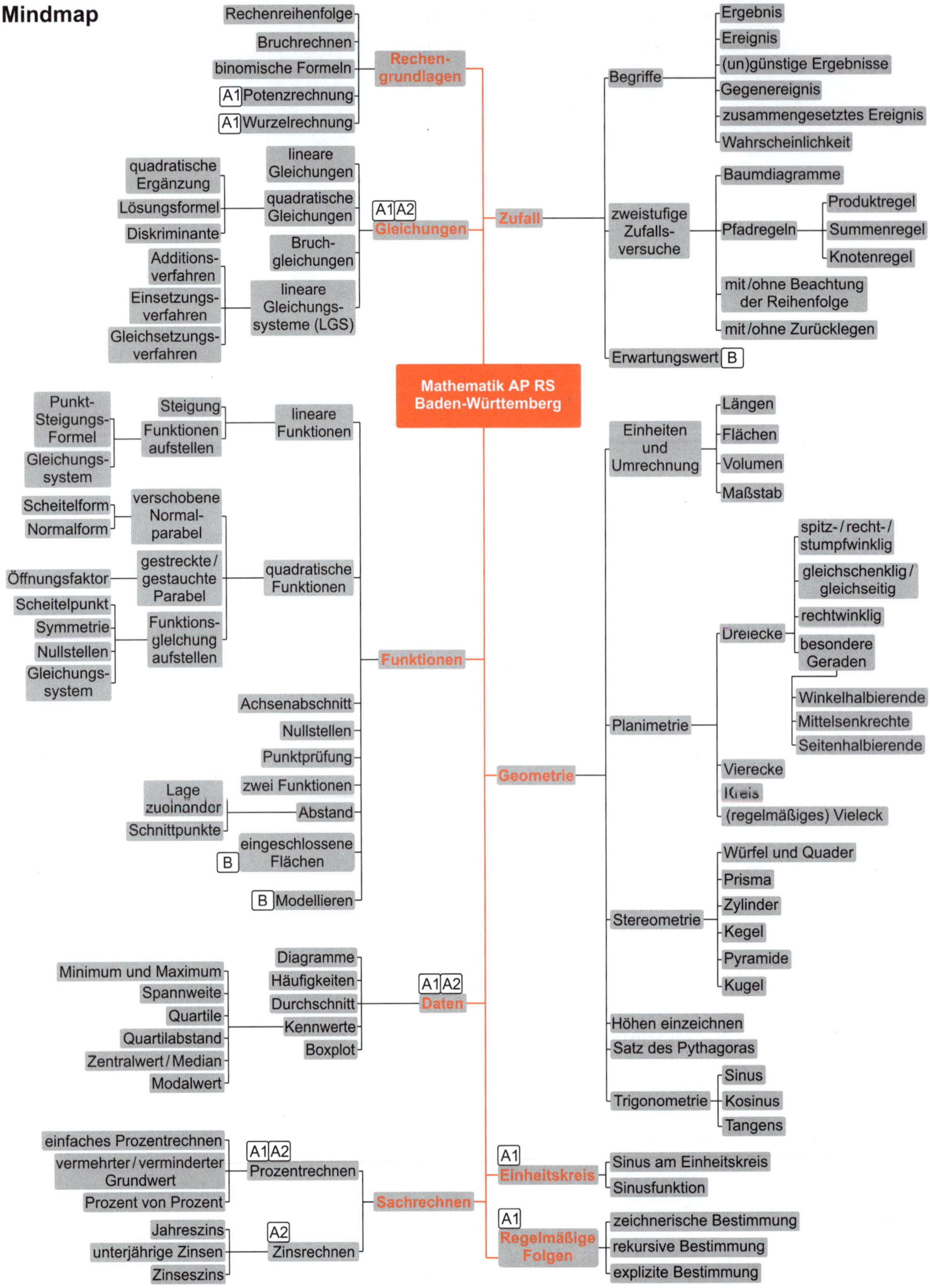

Mathematik AP RS Baden-Württemberg
Rechen-grundlagen
Rechenreihenfolge
Bruchrechnen
binomische Formeln
A1 Potenzrechnung
A1 Wurzelrechnung
A1 A2 Gleichungen
lineare Gleichungen
quadratische Gleichungen
quadratische Ergänzung
Lösungsformel
Diskriminante
Bruch-gleichungen
lineare Gleichungs-systeme (LGS)
Additions-verfahren
Einsetzungs-verfahren
Gleichsetzungs-verfahren
Funktionen
lineare Funktionen
Steigung
Funktionen aufstellen
Punkt-Steigungs-Formel
Gleichungs-system
quadratische Funktionen
verschobene Normal-parabel
Scheitelform
Normalform
gestreckte/gestauchte Parabel
Öffnungsfaktor
Funktions-gleichung aufstellen
Scheitelpunkt
Symmetrie
Nullstellen
Gleichungs-system
Achsenabschnitt
Nullstellen
Punktprüfung
zwei Funktionen
Lage zueinander
Abstand
Schnittpunkte
B eingeschlossene Flächen
B Modellieren
A1 A2 Daten
Diagramme
Häufigkeiten
Durchschnitt
Kennwerte
Boxplot
Minimum und Maximum
Spannweite
Quartile
Quartilabstand
Zentralwert/Median
Modalwert
Sachrechnen
A1 A2 Prozentrechnen
einfaches Prozentrechnen
vermehrter/verminderter Grundwert
Prozent von Prozent
A2 Zinsrechnen
Jahreszins
unterjährige Zinsen
Zinseszins
Zufall
Begriffe
Ergebnis
Ereignis
(un)günstige Ergebnisse
Gegenereignis
zusammengesetztes Ereignis
Wahrscheinlichkeit
zweistufige Zufalls-versuche
Baumdiagramme
Pfadregeln
Produktregel
Summenregel
Knotenregel
mit/ohne Beachtung der Reihenfolge
mit/ohne Zurücklegen
Erwartungswert B
Geometrie
Einheiten und Umrechnung
Längen
Flächen
Volumen
Maßstab
Planimetrie
Dreiecke
spitz-/recht-/stumpfwinklig
gleichschenklig/gleichseitig
rechtwinklig
besondere Geraden
Winkelhalbierende
Mittelsenkrechte
Seitenhalbierende
Vierecke
Kreis
(regelmäßiges) Vieleck
Stereometrie
Würfel und Quader
Prisma
Zylinder
Kegel
Pyramide
Kugel
Höhen einzeichnen
Satz des Pythagoras
Trigonometrie
Sinus
Kosinus
Tangens
A1 Einheitskreis
Sinus am Einheitskreis
Sinusfunktion
A1 Regelmäßige Folgen
zeichnerische Bestimmung
rekursive Bestimmung
explizite Bestimmung

Training Grundwissen

1 Rechengrundlagen

1.1 Rechenreihenfolge

Merke

Beim Berechnen oder Vereinfachen von Termen gilt stets „**KLA PO PU STRI**“:
KLAmmer vor **PO**tenz vor **PU**nkt vor **STRI**ch!
Außerdem gilt: innere Klammer vor äußerer Klammer.

Beispiele

1. $3+4\cdot(5-2)^2$ — KLAmmer vor
$=3+4\cdot 3^2$ — POtenz vor
$=3+4\cdot 9$ — PUnkt vor
$=3+36$ — STRIch
$=\underline{\underline{39}}$

2. $30a-27a:(4{,}5a:1{,}5a)^3$ — KLAmmer vor
$=30a-27a:3^3$ — POtenz vor
$=30a-27a:27$ — PUnkt vor
$=30a-1a$ — STRIch
$=\underline{\underline{29a}}$

3. $2\cdot(4x+3\cdot(-x+3x))$ — Innere Klammer vor
$=2\cdot(4x+3\cdot 2x)$
$=2\cdot(4x+6x)$ — äußerer Klammer
$=2\cdot 10x$
$=\underline{\underline{20x}}$

Aufgabe 1

Vereinfache so weit wie möglich.

a) $(3+2)^2-(4+5)$

b) $6+(2^2-3\cdot 5)+19$

c) $16c+12c^2:6c-3\cdot(c+5c)$

d) $2\cdot(11c^2+3\cdot(2c:2)^2)-(6c^2+2c^2)$

1.2 Klammern und binomische Formeln

Merke

- Eine **Plusklammer** kann einfach weggelassen werden:
  $a+(-b+c)=a-b+c$ $\quad$ $a+(b+c)=a+(+b+c)=a+b+c$
- Eine **Minusklammer** dreht beim Auflösen die Plus- und Minuszeichen in der Klammer um:
  $a-(-b+c)=a+b-c$ $\quad$ $a-(b+c)=a-(+b+c)=a-b-c$
- Bei einer **Malklammer** wird jedes Termglied in der Klammer mit dem Faktor außerhalb der Klammer multipliziert (Ausmultiplizieren):
  $a\cdot(b+c)=a\cdot b+a\cdot c=ab+ac$
  $(b-c)\cdot a=b\cdot a-c\cdot a=ab-ac$
- Entsprechend kann man gleiche Faktoren in einem Summenterm **ausklammern**. Da der entstehende Term ein Produkt ist, spricht man auch von **faktorisieren:**
  $ab+ac=a\cdot(b+c)$
  $ab-ac=a\cdot(b-c)$

Beispiele

1. $6+(-3+2b)=6-3+2b=\underline{\underline{3+2b}}$ — Plusklammer: einfach weglassen
2. $6-(-3+2b)=6+3-2b=\underline{\underline{9-2b}}$ — Minusklammer: Zeichen umdrehen
3. $6\cdot(-3+2b)=6\cdot(-3)+6\cdot 2b=\underline{\underline{-18+12b}}$ — Malklammer: ausmultiplizieren
4. $4xy+6y=2y\cdot 2x+2y\cdot 3$
   $=\underline{\underline{2y\cdot(2x+3)}}$
   In beiden Summanden stecken die Faktoren 2 und y. Man kann also 2y ausklammern. In der Klammer steht das, was von den Summanden noch übrig ist: $4xy:2y=2x$ und $6y:2y=3$.

Aufgaben

2 Löse die Klammern auf und vereinfache so weit wie möglich.

a) $13a+(4c-12a)$ $\quad$ b) $4x-(x-y)$

c) $20b-12\cdot(2b-4m)$ $\quad$ d) $32y+7\cdot(3y-4)+12-(-19+11y)$

3 Klammere so viel wie möglich aus.

a) $4x+4y$ $\quad$ b) $12uv+18u^2$

Merke

Klammern ausmultiplizieren
Werden zwei Klammern miteinander multipliziert, so muss jedes Termglied der ersten Klammer mit jedem Termglied der zweiten Klammer multipliziert werden:
$(a+b)\cdot(c+d)=ac+ad+bc+bd$

Beispiele

1. $(6+a)\cdot(4+b)=6\cdot 4+6\cdot b+a\cdot 4+a\cdot b$
   $=\underline{\underline{24+6b+4a+ab}}$
2. $(6x-4)\cdot(-2x-1{,}5)=-12x^2-9x+8x+6$
   $=\underline{\underline{-12x^2-x+6}}$

Merke

Binomische Formeln

In besonderen Fällen enthalten die Klammern gleiche oder sehr ähnliche Terme. Dann kann man schneller auflösen, wenn man die **binomischen Formeln** kennt:

1. binomische Formel: $(a+b)\cdot(a+b)=\mathbf{(a+b)^2}=a^2+2ab+b^2$
2. binomische Formel: $(a-b)\cdot(a-b)=\mathbf{(a-b)^2}=a^2-2ab+b^2$
3. binomische Formel: $\mathbf{(a+b)\cdot(a-b)}=a^2-b^2$

Beispiele

1. $(\underbrace{x}_{a}+\underbrace{3}_{b})^2=\underbrace{x^2}_{a^2}+\underbrace{2\cdot x\cdot 3}_{2ab}+\underbrace{3^2}_{b^2}$
$= x^2+6x+9$

1. binomische Formel anwenden

2. $(\underbrace{4}_{a}-\underbrace{3x}_{b})^2=\underbrace{4^2}_{a^2}-\underbrace{2\cdot 4\cdot 3x}_{2ab}+\underbrace{(3x)^2}_{b^2}$
$=16-24x+9x^2$

2. binomische Formel anwenden

3. $(\underbrace{13r}_{a}-\underbrace{11s}_{b})(\underbrace{13r}_{a}+\underbrace{11s}_{b})=\underbrace{(13r)^2}_{a^2}-\underbrace{(11s)^2}_{b^2}$
$=169r^2-121s^2$

3. binomische Formel anwenden
Es ist empfehlenswert, die Quadratzahlen bis 20 auswendig zu können (insbesondere für den Prüfungsteil A 1 ohne Taschenrechner).

Aufgaben

4 Schreibe ohne Klammern und vereinfache ggf. so weit wie möglich.

a) $(2x-3)(x+5)$
b) $(5t-12)^2$
c) $(3y+5)(3y-5)$
d) $(1+4a)^2$

5 Schreibe als binomische Formel.

a) $16x^2-9y^2$
b) x^2+4x+4
c) $64x^2-48xy+9y^2$
d) $6{,}25c^2-1{,}44a^2$

1.3 Bruchrechnen

Erweitern und Kürzen

Merke

Durch Erweitern und Kürzen ändert sich der Wert eines Bruchs nicht.

Erweitern
Zähler und Nenner mit dem **gleichen** Faktor **multiplizieren**

Kürzen
Zähler und Nenner durch den **gleichen**, größtmöglichen Faktor (= ggT) **dividieren**

Beispiele

1. $\frac{2}{5}$ mit 3 erweitern: $\frac{2}{5} = \frac{2 \cdot 3}{5 \cdot 3} = \underline{\underline{\frac{6}{15}}}$

2. $\frac{24}{60}$ kürzen: $\frac{24}{60} = \frac{24 : 12}{60 : 12} = \underline{\underline{\frac{2}{5}}}$

Rechnen mit Brüchen

Merke

Bei der **Strichrechnung** mit Brüchen sind **gleiche Nenner notwendig**, d. h, die Brüche müssen gleichnamig sein oder gemacht werden.

Brüche addieren
- ggf. Brüche auf Hauptnenner (= kgV) erweitern
- Zähler plus Zähler, Nenner beibehalten!

Brüche subtrahieren
- ggf. Brüche auf Hauptnenner (= kgV) erweitern
- Zähler minus Zähler, Nenner beibehalten!

Beispiele

1. $\frac{3}{10} + \frac{1}{6} = \frac{3}{2 \cdot 5} + \frac{1}{2 \cdot 3}$
$= \frac{3 \cdot 3}{2 \cdot 5 \cdot 3} + \frac{1 \cdot 5}{2 \cdot 3 \cdot 5}$
$= \frac{9}{30} + \frac{5}{30}$
$= \underline{\underline{\frac{14}{30}}}$

[HN = $2 \cdot 3 \cdot 5 = 30$]

Da es sich um eine Strichrechnung handelt, müssen die Brüche zuerst gleichnamig gemacht werden. Dazu werden zunächst die Nenner in Primfaktoren zerlegt und der Hauptnenner bestimmt. Anschließend wird der erste Bruch mit 3, der zweite mit 5 erweitert, um die Brüche auf den Hauptnenner zu bringen.

2. $\frac{3}{4} - \frac{1}{6} = \frac{3 \cdot 3}{4 \cdot 3} - \frac{1 \cdot 2}{6 \cdot 2}$
$= \frac{9}{12} - \frac{2}{12}$
$= \underline{\underline{\frac{7}{12}}}$

[HN = $2 \cdot 2 \cdot 3 = 12$]

Da es sich um eine Strichrechnung handelt, müssen die Brüche zuerst gleichnamig gemacht werden. Hier wurde der Hauptnenner im Kopf bestimmt und die Brüche entsprechend erweitert.

Alternativ können die Vielfachenreihen der Nenner (hier 4 und 6) notiert werden. Die erste Vielfache, die in beiden Reihen vorkommt, ist der Hauptnenner.

Merke

Bei der **Punktrechnung** mit Brüchen sind **gleiche Nenner** nicht **notwendig**.

Brüche multiplizieren
- Vor dem Zusammenfassen kürzen!
- Zähler mal Zähler, Nenner mal Nenner!

Brüche dividieren
- Kehrbruch von Divisor bilden
- statt zu dividieren mit dem **Kehrbruch** (des Divisors!) **multiplizieren**

Beispiele

1. $\frac{3}{20}\cdot\frac{5}{6}=\frac{\overset{1}{\cancel{3}}\cdot\overset{1}{\cancel{5}}}{\underset{4}{\cancel{20}}\cdot\underset{2}{\cancel{6}}}=\frac{1\cdot 1}{4\cdot 2}=\underline{\underline{\frac{1}{8}}}$

Bei einer Punktrechnung müssen die Brüche nicht gleichnamig sein. Rechne vorteilhaft und kürze zuerst!

2. $\frac{4}{45}:\frac{5}{27}=\frac{4}{45}\cdot\frac{27}{5}=\frac{4\cdot\overset{3}{\cancel{27}}}{\underset{5}{\cancel{45}}\cdot 5}=\frac{4\cdot 3}{5\cdot 5}=\underline{\underline{\frac{12}{25}}}$

Wandle erst die Division in eine Multiplikation um (Kehrbruch) und kürze dann (in diesem Fall mit 9).

Gemischte Brüche und ganze Zahlen

Merke

Kommt in einer Bruchrechnung eine ganze Zahl oder ein gemischter Bruch vor, dann wandle diese zunächst in einen Bruch um und rechne dann gemäß der Rechenregeln für Brüche weiter.

Ganze Zahl

Schreibe die ganze Zahl x als Bruch $\frac{x}{1}$ mit Nenner 1.

Gemischter Bruch

$x\frac{z}{n}=\frac{x\cdot n+z}{n}$

Zähler des Bruchs: ganze Zahl · Nenner + Zähler
Nenner des Bruchs: unverändert!

Beispiele

1. $5\cdot\frac{3}{4}=\frac{5}{1}\cdot\frac{3}{4}=\frac{15}{4}=\underline{\underline{3\frac{3}{4}}}$

Wandle zuerst 5 in einen Bruch um, dann multipliziere die beiden Brüche. Lösungen werden meist in gemischte Brüche umgewandelt – so kann man die Ergebnisse auch besser vergleichen.

2. $5-\frac{3}{4}=\frac{5}{1}-\frac{3}{4}=\frac{20}{4}-\frac{3}{4}=\frac{17}{4}=\underline{\underline{4\frac{1}{4}}}$

Wandle zuerst 5 in einen Bruch um, dann subtrahiere die beiden Brüche. Dazu müssen die Brüche zuerst gleichnamig gemacht werden.

3. $1\frac{2}{3}:\frac{3}{4}=\frac{1\cdot 3+2}{3}:\frac{3}{4}=\frac{5}{3}:\frac{3}{4}=\frac{5}{3}\cdot\frac{4}{3}=\frac{20}{9}=\underline{\underline{2\frac{2}{9}}}$

Wandle zuerst $1\frac{2}{3}$ in einen Bruch um, dann dividiere die beiden Brüche, indem du mit dem Kehrbruch multiplizierst.

4. $4\frac{1}{5}+\frac{2}{5}=\frac{4\cdot 5+1}{5}+\frac{2}{5}=\frac{21}{5}+\frac{2}{5}=\frac{23}{5}=\underline{\underline{4\frac{3}{5}}}$

Aufgabe 6

Vereinfache so weit wie möglich. Gib das Ergebnis ggf. als gemischten Bruch an.

a) $\frac{1}{5}+\frac{3}{10}+\frac{3}{5}$

b) $\frac{11}{14}\cdot\frac{7}{5}\cdot\frac{10}{11}$

c) $\frac{4}{9}+\frac{3}{22}\cdot\frac{55}{9}$

d) $1\frac{2}{3}\cdot\left(\frac{4}{5}-\frac{7}{10}\right)$

e) $2\frac{1}{2}:\frac{1}{4}-\frac{3}{4}\cdot 8$

f) $3\frac{7}{10}-\frac{6}{5}\cdot\left(2\frac{1}{6}-\frac{1}{3}\right)$

1.4 Potenzen

Merke

Die mehrfache Multiplikation mit demselben Faktor kann durch die **Potenzschreibweise** abgekürzt werden.

$\underbrace{a \cdot a \cdot \ldots \cdot a}_{a \text{ steht } n\text{-mal } (n \in \mathbb{N})} = a^n$; dabei wird a Basis und n Exponent genannt.

Beispiele

1. $4 \cdot 4 \cdot 4 \cdot 4 \cdot 4 = \underline{\underline{4^5}}$ — Die Basis 4 wird 5-mal mit sich selbst multipliziert.
2. $x^7 = \underline{\underline{x \cdot x \cdot x \cdot x \cdot x \cdot x \cdot x}}$ — 7-mal der Faktor x.
3. $a^1 = \underline{\underline{a}}$ — a^1 bedeutet 1-mal den Faktor a. Dies gilt für alle $a \in \mathbb{Q}$.

Merke

Für den **Exponenten Null** und für **negative (ganzzahlige) Exponenten** lassen sich Potenzen ebenfalls definieren. Dabei gilt (für alle $a \in \mathbb{Q} \setminus \{0\}$):

$a^0 = 1$ und $a^{-n} = \frac{1}{a^n}$

Beispiele

1. $4^0 = \underline{\underline{1}}$
2. $x^0 = \underline{\underline{1}}$ — nicht definiert für $x = 0$
3. $3^{-4} = \underline{\underline{\frac{1}{3^4}}}$ — Potenzen mit negativen Exponenten sind keine negativen Zahlen, sondern eine Schreibweise für Brüche.
4. $x^{-2} = \underline{\underline{\frac{1}{x^2}}}$ — nicht definiert für $x = 0$

Merke

Für Potenzen gibt es fünf Rechengesetze:

1. Potenzen mit **gleicher Basis** werden **multipliziert**, indem man die Basis beibehält und die Exponenten addiert.
   $a^n \cdot a^m = a^{n+m}$
2. Potenzen mit **gleicher Basis** werden **dividiert**, indem man die Basis beibehält und die Exponenten subtrahiert.
   $\frac{a^n}{a^m} = a^{n-m}$

Beispiele

1. $4^3 \cdot 4^5 + x^2 \cdot x^3 = \underline{\underline{4^8 + x^5}}$ — Addition der Exponenten (1. Rechengesetz)
2. $\frac{3^9}{3^4} = \underline{\underline{3^5}}$ — Subtraktion der Exponenten (2. Rechengesetz)
3. $\frac{x^5}{x^8} = x^{-3} = \underline{\underline{\frac{1}{x^3}}}$ — (2. Rechengesetz)

Merke

3. Potenzen mit **gleichem Exponenten** werden **multipliziert**, indem man den Exponenten beibehält und die Basen multipliziert.
$a^n \cdot b^n = (a \cdot b)^n$
4. Potenzen mit **gleichem Exponenten** werden **dividiert**, indem man den Exponenten beibehält und die Basen dividiert.
$\frac{a^n}{b^n} = \left(\frac{a}{b}\right)^n$

Diese beiden Gesetze werden bei Variablen häufig in umgekehrter Richtung angewandt.

Beispiele

1. $4^3 \cdot 5^3 = (4 \cdot 5)^3 = \underline{\underline{20^3}}$ — Multiplikation der Basen (3. Rechengesetz)
2. $a^6 \cdot b^6 = \underline{\underline{(ab)^6}}$ — Hier ist eine Klammer notwendig! (3. Rechengesetz)
3. $\frac{12^5}{4^5} = \left(\frac{12}{4}\right)^5 = \underline{\underline{3^5}}$ — Division der Basen (4. Rechengesetz)
4. $\frac{a^7}{b^7} = \underline{\underline{\left(\frac{a}{b}\right)^7}}$ — (4. Rechengesetz)
5. $(xy)^2 = \underline{\underline{x^2y^2}}$ — Der Exponent bezieht sich auf jeden Faktor. (3. Rechengesetz)
6. $\left(\frac{x}{y}\right)^3 = \underline{\underline{\frac{x^3}{y^3}}}$ — Der Exponent bezieht sich auf Zähler und Nenner. (4. Rechengesetz)

Merke

5. Potenzen werden **potenziert**, indem man die Basis beibehält und die Exponenten multipliziert.
$(a^n)^m = a^{n \cdot m}$

Beispiel

$(4^5)^2 + (x^3)^3 = \underline{\underline{4^{10} + x^9}}$ — Multiplikation der Exponenten (5. Rechengesetz)

Merke

Sind Basis und Exponent Zahlen, so kann jede Potenz (und deren Vielfache) auch errechnet werden. Dabei gilt: „**Potenz vor Punkt**".

Beispiele

1. $2^5 = \underline{\underline{32}}$
2. $4 \cdot 5^2 = 4 \cdot 25 = \underline{\underline{100}}$
3. $2^{-3} = \frac{1}{2^3} = \frac{1}{8} = \underline{\underline{0{,}125}}$

Merke

Vielfache von gleichen Potenzen können zusammengefasst werden.

Beispiele

1. $2{,}1x^7 + 4{,}5x^7 - 3{,}7x^7 = \underline{\underline{2{,}9x^7}}$

2. $2 \cdot 3^3 + 4 \cdot 3^3 - 3^3 = 5 \cdot 3^3 = 5 \cdot 27 = \underline{\underline{135}}$ $\quad$ 3^3 bedeutet $1 \cdot 3^3$.

Aufgaben

7 Berechne die Potenzen bzw. ersetze die Platzhalter.

a) $2{,}2 \cdot 3^6 =$

b) $4{,}5 \cdot 2^{-3} =$

c) $2^{\square} = 128$

d) $\square^5 = 243$

e) $4{,}2 \cdot 3^7 + \square \cdot 7^3 + \square \cdot 3^7 - 5{,}7 \cdot 7^3 = 5{,}2 \cdot 3^7 - 2{,}5 \cdot 7^3$

8 Vereinfache mithilfe der Potenzgesetze.

a) $3^4 \cdot 3^6 \cdot 3^2$

b) $\dfrac{38x^5y^4z^8}{19x^2y^6z}$

c) $\dfrac{54x^3y^4}{y^2} \cdot \dfrac{x^2y^5}{3^3}$

d) $2^4 \cdot 3^4 \cdot 0{,}4^4$

e) $\left(\dfrac{z^{-5}}{z^{-2}}\right)^{-4}$

f) $\dfrac{16xy^3}{(-2x)^5}$

*g) $\left(\dfrac{x^2y^3}{6}\right)^3 \cdot \left(\dfrac{12}{xy}\right)^3$

*h) $(2x^2y^3)^3 \cdot (5x^3y)^2$

Merke

Potenzen mit der Basis 10 werden **Zehnerpotenzen** genannt. Sie bilden den Aufbau unseres Zahlensystems mit Einer (10^0), Zehner (10^1), Hunderter (10^2), Tausender (10^3) usw.; aber auch mit Zehntel (10^{-1}), Hundertstel (10^{-2}), Tausendstel (10^{-3}) usw.
Jede Zahl lässt sich daher als Produkt aus einer Zahl zwischen 1 und 10 und einer Zehnerpotenz schreiben. Dies nennt man **Exponentialdarstellung** (bzw. Normdarstellung).
Der Taschenrechner stellt Zehnerpotenzen meist mit einem „E" dar. So steht z. B. 7,2E20 für $7{,}2 \cdot 10^{20}$ und 1,999E–40 für $1{,}999 \cdot 10^{-40}$.

Beispiele

1. $23\,000\,000 = \underline{\underline{2{,}3 \cdot 10^7}}$

2. $0{,}000456 = \underline{\underline{4{,}56 \cdot 10^{-4}}}$

Der Exponent kann durch die „Verschiebung des Kommas" ermittelt werden.

Aufgabe

9 Schreibe in Normdarstellung bzw. als (ganze) Zahl.

a) $270\,000 =$

b) $0{,}000000425 =$

c) $4 \cdot 10^5 + 5 \cdot 10^4 =$

d) $2 \cdot 10^{-3} + 3 \cdot 10^{-2} =$

1.5 Wurzeln

Die Zahlenmenge der rationalen Zahlen $\mathbb{Q}$ wird durch die irrationalen Zahlen zur Zahlenmenge der reellen Zahlen $\mathbb{R}$ erweitert. Dabei werden weitere Rechengesetze formuliert.

Merke

Für jede positive Zahl a und jedes $n \in \mathbb{N}$ gibt es genau eine positive Zahl b, für die $b^n = a$ gilt. Diese Zahlen werden als **Wurzeln** bezeichnet und haben eine besondere Notation:

- $\sqrt{a}$ ist die **nicht negative Zahl**, für die gilt: $\mathbf{\sqrt{a}^2 = a}$ $(a > 0)$.
  (Man sagt: Quadratwurzel aus a bzw. kurz: Wurzel aus a.)
- $\sqrt[n]{a}$ ist die **nicht negative Zahl**, für die gilt: $\mathbf{\sqrt{a}^n = a}$ $(a > 0)$; $n \in \mathbb{N}$.
  (Man sagt: n-te Wurzel aus a.)

Die Zahl oder den Term unter dem Wurzelzeichen nennt man **Radikand**.

Beispiele

1. $\sqrt{25} = \underline{\underline{5}}$, da $5^2 = 25$
2. $\sqrt[3]{64} = \underline{\underline{4}}$, da $4^3 = 64$

Man erhält die Lösung durch (systematisches) Probieren oder (schneller) mit dem Taschenrechner.

Merke

Gleichungen der Form $x^n = a$ $(a > 0)$ haben für ungerade n eine Lösung $(x = \sqrt[n]{a})$ und für gerade n zwei Lösungen $(x_1 = \sqrt[n]{a}$ und $x_2 = -\sqrt[n]{a})$.

Beispiele

1. $x^3 = 125 \Rightarrow x = \sqrt[3]{125} = \underline{\underline{5}}$
2. $x^2 = 49 \Rightarrow x_1 = \sqrt{49} = \underline{\underline{7}}$ und $x_2 = -\sqrt{49} = \underline{\underline{-7}}$
3. $x^6 = 729 \Rightarrow x_1 = \sqrt[6]{729} = \underline{\underline{3}}$ und $x_2 = -\sqrt[6]{729} = \underline{\underline{-3}}$

Aufgaben

10 Berechne die Wurzeln bzw. ersetze die Platzhalter.

a) $\sqrt[3]{8}$

b) $\sqrt{\square} = 6$

c) $\sqrt[3]{\square} = 5$

d) $\sqrt{16 + 9}$

11 Ermittle die Lösung(en) der folgenden Gleichungen.

a) $x^2 = 12{,}25$

b) $x^5 = 0{,}07776$

c) $2x^3 + 1 = 32{,}25$

d) $(2x - 1)^2 = 10{,}24$

Merke

Nicht alle Wurzeln sind endlich (und werden auch nicht periodisch), diese irrationalen Zahlen werden exakt (d. h., in Wurzelschreibweise) und/oder gerundet angegeben.

Beispiele

1. $x^2 = 2 \Rightarrow x_1 = \sqrt{2} = \underline{\underline{1{,}41}}$ und
   $x_2 = -\sqrt{2} = \underline{\underline{-1{,}41}}$

   Werte aus dem Taschenrechner, hier auf 2 Stellen gerundet
2. $x^3 = 25 \Rightarrow x = \sqrt[3]{25} = \underline{\underline{2{,}924}}$

   Wert aus dem Taschenrechner, hier auf 3 Stellen gerundet

Merke

Für Wurzeln gibt es zwei Rechengesetze:
(Angegeben ist nur die Darstellung mit Quadratwurzeln.)

1. **Wurzeln** werden **multipliziert**, indem man die Wurzel beibehält und die Radikanden multipliziert.
$\sqrt{a} \cdot \sqrt{b} = \sqrt{a \cdot b}$
2. **Wurzeln** werden **dividiert**, indem man die Wurzel beibehält und die Radikanden dividiert.
$\frac{\sqrt{a}}{\sqrt{b}} = \sqrt{\frac{a}{b}}$

Diese beiden Gesetze werden häufig in umgekehrter Richtung angewandt, insbesondere wenn aus einem Faktor die Wurzel gezogen werden kann.

Beispiele

1. $\sqrt{2} \cdot \sqrt{3} = \underline{\underline{\sqrt{6}}}$ — Multiplikation der Radikanden (1. Rechengesetz)
2. $\sqrt{2} \cdot \sqrt{18} = \sqrt{36} = \underline{\underline{6}}$ — (1. Rechengesetz)
3. $\frac{\sqrt{12}}{\sqrt{3}} = \sqrt{4} = \underline{\underline{2}}$ — Division der Radikanden (2. Rechengesetz)
4. $\sqrt{4x} = \sqrt{4} \cdot \sqrt{x} = \underline{\underline{2\sqrt{x}}}$ — Das Wurzelzeichen im Ausgangsterm bezieht sich auf jeden Faktor. (1. Rechengesetz)
5. $\sqrt{\frac{x}{9}} = \frac{\sqrt{x}}{\sqrt{9}} = \underline{\underline{\frac{\sqrt{x}}{3}}}$ — Das Wurzelzeichen im Ausgangsterm bezieht sich auf Zähler und Nenner. (2. Rechengesetz)

Merke

Speziell für **Quadratwurzeln** gilt noch ein weiteres Rechengesetz:
$\sqrt{a} \cdot \sqrt{a} = a$ bzw. $\sqrt{a^2} = a$

Beispiele

1. $\sqrt{6} \cdot \sqrt{6} = \underline{\underline{6}}$ bzw. $\sqrt{6^2} = \underline{\underline{6}}$
2. $\sqrt{1\,734} \cdot \sqrt{1\,734} = \underline{\underline{1\,734}}$ bzw. $\sqrt{1\,734^2} = \underline{\underline{1\,734}}$

Merke

Wurzeln im Nenner werden üblicherweise entfernt, dies geschieht durch Erweitern des Bruches. Man nennt diese Operation auch „den Nenner rational machen".

Beispiele

1. $\frac{\sqrt{2}}{\sqrt{3}} = \frac{\sqrt{2} \cdot \sqrt{3}}{\sqrt{3} \cdot \sqrt{3}} = \underline{\underline{\frac{\sqrt{6}}{3}}}$ — Der Bruch wird mit der Wurzel des Nenners erweitert, dadurch ergibt sich im Nenner eine natürliche Zahl.
2. $\frac{4\sqrt{5}}{3\sqrt{2}} = \frac{4\sqrt{5} \cdot \sqrt{2}}{3\sqrt{2} \cdot \sqrt{2}} = \frac{4\sqrt{10}}{6} = \underline{\underline{\frac{2\sqrt{10}}{3}}}$ — Nach dem Erweitern und Multiplizieren wird der Bruch noch gekürzt.

Merke

- Auch aus **Potenzen** können Wurzeln gezogen werden, dabei kann jede Potenz mit einem geraden Exponenten als Quadratzahl angesehen werden.
- **Radikanden** werden häufig in (zwei) Faktoren zerlegt, sodass ein Faktor eine Quadratzahl wird. Aus dieser wird dann immer die Wurzel gezogen.

Beispiele

1. $\sqrt{x^{36}} = \underline{\underline{x^{18}}}$ — $x^{36} = x^{18+18} = x^{18} \cdot x^{18} = (x^{18})^2$
2. $\sqrt{50} = \sqrt{25 \cdot 2} = \underline{\underline{5\sqrt{2}}}$ — 50 wird zerlegt in $25 \cdot 2$, dann $\sqrt{25} = 5$ gezogen.
3. $\sqrt{x^7} = \sqrt{x^6 \cdot x} = \underline{\underline{x^3\sqrt{x}}}$ — x^7 wird zerlegt in $x^6 \cdot x$, dann $\sqrt{x^6} = x^3$ gezogen.

Merke

Vielfache von **gleichen Wurzeln** können zusammengefasst werden.

Beispiele

1. $7\sqrt{3} + \sqrt{3} = \underline{\underline{8\sqrt{3}}}$ — $\sqrt{3}$ bedeutet: $1 \cdot \sqrt{3}$
2. $2{,}1\sqrt{x} + 4{,}5\sqrt{x} - \sqrt{x} = \underline{\underline{5{,}6\sqrt{x}}}$ — $-\sqrt{x}$ bedeutet: $-1 \cdot \sqrt{x}$
3. $\sqrt{12} + \sqrt{27} = \sqrt{4 \cdot 3} + \sqrt{9 \cdot 3}$
   $= 2\sqrt{3} + 3\sqrt{3}$
   $= \underline{\underline{5\sqrt{3}}}$
   — Zuerst müssen Wurzeln mit gleichem Radikand gebildet werden.

Aufgaben

12 Berechne (auf 2 Stellen gerundet).

a) $4{,}8\sqrt{3}$
b) $\sqrt{2} + \sqrt{7}$
c) $2{,}2\sqrt{2} + 3{,}3\sqrt{3}$
d) $\sqrt{8} - \sqrt{7} - \sqrt{6}$

13 Vereinfache mithilfe der Wurzelgesetze und -regeln bzw. ersetze die Platzhalter. Mache bei den Teilaufgaben i und j den Nenner rational.

a) $2\sqrt{x} + \square - 4\sqrt{x} = \sqrt{x}$
b) $\sqrt{108} - \sqrt{48} + \sqrt{147}$
c) $4\sqrt{5} \cdot 5\sqrt{6}$
d) $5\sqrt{2} \cdot \square = 30$
e) $\dfrac{21\sqrt{12}}{\square} = 3\sqrt{6}$
f) $\dfrac{42\sqrt{175}}{12\sqrt{7}}$
g) $\sqrt{50x^{16}}$
h) $\sqrt{16x^9}$
i) $\dfrac{3\sqrt{7}}{2\sqrt{5}}$
j) $\dfrac{15x}{\sqrt{3x}}$

1.6 Termumformungen mit reellen Zahlen

Merke

Alle Termumformungen (Klammern auflösen, binomische Formeln) gelten auch für Potenzen und Wurzeln.

Beispiele

1. $2x^3(3x^5-5x^2)=2x^3\cdot 3x^5-2x^3\cdot 5x^2 = \underline{\underline{6x^8-10x^5}}$

Die Summanden in der Klammer werden mit dem Faktor vor der Klammer multipliziert. Dann wird noch zusammengefasst und geordnet.

2. $2\sqrt{5}(\sqrt{5}+3\sqrt{2})=2\sqrt{5}\cdot\sqrt{5}+2\sqrt{5}\cdot 3\sqrt{2} = 2\cdot 5+6\sqrt{10} = \underline{\underline{10+6\sqrt{10}}}$

3. $(x^2-3x^3)(3x^5+x^4)$
$=x^2\cdot 3x^5+x^2\cdot x^4-3x^3\cdot 3x^5-3x^3\cdot x^4$
$=3x^7+x^6-9x^8-3x^7$
$=\underline{\underline{-9x^8+x^6}}$

Jeder Summand in der ersten Klammer wird mit jedem Summanden in der zweiten Klammer multipliziert. Dann wird noch zusammengefasst und geordnet. Dabei schreibt man die höchsten Potenzen zuerst.

4. $(x^3+3x^2)^2=(x^3)^2+2\cdot x^3\cdot 3x^2+(3x^2)^2 = \underline{\underline{x^6+6x^5+9x^4}}$

Mit einer binomischen Formel wird die Klammer entfernt. Dann wird noch zusammengefasst und geordnet.

5. $(\sqrt{5}-3\sqrt{2})^2+(2-3\sqrt{5})\cdot(2+3\sqrt{5})$
$=(\sqrt{5})^2-2\cdot\sqrt{5}\cdot 3\sqrt{2}+(3\sqrt{2})^2+2^2-(3\sqrt{5})^2$
$=5-6\sqrt{10}+18+4-45$
$=\underline{\underline{-18-6\sqrt{10}}}$

$(3\sqrt{2})^2=9\cdot 2=18$ bzw.
$(3\sqrt{5})^2=9\cdot 5=45$

Merke

Gemeinsame Faktoren einer Summe können auch hier ausgeklammert werden. Dies wird nur dann durchgeführt, wenn es in einer Aufgabe verlangt oder sinnvoll ist.

Beispiele

1. $2x^3-4x^2=\underline{\underline{2x^2(x-2)}}$

$2x^2$ kann ausgeklammert werden.

2. $25a\sqrt{2}+15a\sqrt{3}=\underline{\underline{5a(5\sqrt{2}+3\sqrt{3})}}$

5a kann ausgeklammert werden.

Aufgabe 14

Vereinfache bzw. ersetze die Platzhalter.

a) $4x^2(2x+6x^5-0{,}5x^3)$

b) $4\sqrt{3}(2\sqrt{2}-\sqrt{27})$

c) $2{,}5x^3\left(\square-2x^{-5}\right)=10x^5-\square$

d) $\square\left(5\sqrt{8}-\square\right)=40-2\sqrt{6}$

*e) $(x-2x^3)(3x^5-5x^3)$

*f) $\left(\square+3x^2\right)^2=4x^6+\square+\square$

*g) $(3x^{-2}+2x^3)(3x^{-2}-2x^3)$

*h) $\left(4x+\square\right)\left(2x-\square\right)=\square-4x\sqrt{3}+\square-3\sqrt{6}$

2 Gleichungen

2.1 Lineare Gleichungen

Merke

Lineare Gleichungen mit einer Unbekannten (meist x) lassen sich lösen, indem
(1) der Links- und Rechtsterm für sich vereinfacht und zusammengefasst werden und
(2) passende **Äquivalenzumformungen** (Anwendung von *gleichartigen* mathematischen Operationen auf beide Terme) durchgeführt werden.

Dabei werden die Schritte, insbesondere die Äquivalenzumformungen, mit einem Kommandostrich (|) hinter der Gleichung wiedergegeben. Konkret geht man wie folgt vor:

- Klammern auflösen (| KL)
- zusammenfassen (| ZF)
- Äquivalenzumformungen durchführen:
  - alle Termglieder **ohne x auf eine Seite** bringen (z. B. | − 3)
  - alle Termglieder **mit x auf die andere Seite** bringen (z. B. | + 3x)
  - **durch** den **Faktor vor dem x teilen** (z. B. | : 3)
- Lösung (und Lösungsmenge) angeben

Beispiele

1.
$$3(3x-2)=2x-(3x-6) \quad |\,KL$$
$$9x-6=2x-3x+6 \quad |\,ZF$$
$$9x-6=-x+6 \quad |\,+x$$
$$9x-6+x=-x+6+x$$
$$10x-6=6 \quad |\,+6$$
$$10x-6+6=6+6$$
$$10x=12 \quad |\,:10$$
$$10x:10=12:10$$
$$x=\frac{12:2}{10:2}$$
$$x=\frac{6}{5}=1\frac{1}{5}$$
$$L=\left\{1\frac{1}{5}\right\}$$

Vereinfache zunächst Linksterm 3(3x − 2) und Rechtsterm 2x − (3x − 6). Zum korrekten Vereinfachen siehe Kapitel 1

| KL und | ZF müssen nicht zwingend geschrieben werden

Hier sind die Zwischenschritte zur Verdeutlichung angegeben (Zeile 4, 6 und 8). Beim effektiven Rechnen lässt man sie weg (siehe Beispiel 2).

Ergebnisse immer kürzen und ggf. in einen gemischten Bruch umwandeln. So kann die Größe der Lösung besser eingeschätzt werden.

Die Lösungsmenge wird auch für lineare Gleichungen angegeben – in der Abschlussprüfung aber nicht verlangt.

2.
$$4x+2-2x=6(x+2{,}5)-9 \quad |\,KL$$
$$4x+2-2x=6x+15-9 \quad |\,ZF$$
$$2x+2=6x+6 \quad |\,-6$$
$$2x-4=6x \quad |\,-2x$$
$$-4=4x \quad |\,:4$$
$$-1=x$$
$$L=\{-1\}$$

Hier wurde so umgeformt, dass die Seite mit x nicht negativ wird. Natürlich könnte man auch alle Teile mit x auf die linke Seite bringen – das Ergebnis bleibt gleich.

Aufgabe 15

Löse folgende Gleichungen.

a) $(x+6)\cdot 8 = 32x$

b) $x-(2x-8) = 4-3x$

c) $(4-5x)+(10+6x) = 8$

d) $0{,}8(2u-3) = (2u+4)\cdot 0{,}6$

e) $\frac{1}{4}\left(3x-\frac{2}{3}\right) = -x-(2x-1)\cdot\frac{1}{6}$

f) $7(u-2)-(u-2) = u^2-(u+3)^2$

2.2 Lineare Gleichungssysteme (LGS)

Ein lineares Gleichungssystem (LGS) besteht aus mehreren Gleichungen, die jeweils eine oder mehrere Unbekannte enthalten. Die Lösung sind Wertekombinationen der Unbekannten, für die alle Gleichungen lösbar sind.
Für die Abschlussprüfung sind nur LGS mit zwei Gleichungen und zwei Unbekannten relevant. Folgende rechnerische Verfahren können zur Lösung eingesetzt werden:

- **Gleichsetzungsverfahren**
- **Einsetzungsverfahren**
- **Additionsverfahren**

(Das grafische Lösungsverfahren kann in der Prüfung nicht genutzt werden und spielt höchstens bei linearen Funktionen eine Rolle.)

Die Lösungsverfahren verhelfen zum Eliminieren einer Unbekannten und zur Bestimmung der anderen Unbekannten. Um das LGS vollständig zu lösen, muss die gefundene Lösung noch in eine der (vereinfachten) Ausgangsgleichungen eingesetzt werden. Die Lösung ist ein Wertepaar: $L = \{(x; y)\}$
Grundsätzlich können immer alle Lösungsverfahren benutzt werden, oft bietet sich jedoch der Einsatz eines bestimmten Lösungsverfahrens an. Zuvor müssen die Gleichungen immer vereinfacht werden.

Merke

Gleichsetzungsverfahren
Bei diesem Verfahren löst man beide Gleichungen nach einer Variablen auf. Da die entstehenden Terme beide den Wert dieser Variable ergeben, müssen sie auch selbst gleich sein.

- Falls erforderlich, vereinfache die Gleichungen und löse **beide** Gleichungen nach einer Variablen auf, z. B. y.
- Setze die beiden erhaltenen Terme gleich. Dadurch erhältst du eine lineare Gleichung, die nur noch die andere Variable enthält, z. B. x.
- Löse die entstandene Gleichung.
- Setze den erhaltenen Wert für die eine Variable (x) in eine der (vereinfachten) Gleichungen ein und berechne die andere Variable (y).
- Gib die Lösungsmenge an: $L = \{(x; y)\}$

Hinweis: Das Gleichsetzungsverfahren bietet sich an, wenn beide Gleichungen schon nach der gleichen Variablen aufgelöst sind bzw. das leicht erreicht werden kann. Schnittpunkte von zwei Geraden werden immer über dieses Verfahren bestimmt (siehe hierzu auch Kapitel 3.4).

Beispiel

(1) $y = 2x + 6$
(2) $y = x + 5$

(1) = (2): $2x + 6 = x + 5 \quad | -6$
$2x = x - 1 \quad | -x$
$x = \underline{-1}$
$x = -1$ in (1): $y = 2 \cdot (-1) + 6$
$y = \underline{4}$
$L = \underline{\underline{\{(-1; 4)\}}}$

Beide Gleichungen sind bereits nach y aufgelöst, deshalb kann man das Gleichsetzungsverfahren ohne vorherige Umformungen nutzen.

„(1) = (2)" bedeutet, dass die Gleichungen gleichgesetzt werden.

Die Lösung für x setzt man nun in eine der Ausgangsgleichungen ein, um y zu erhalten.

Achte unbedingt darauf, in der Lösungsmenge zuerst den x-Wert und dann den y-Wert anzugeben.

Merke

Einsetzungsverfahren

Bei diesem Verfahren löst man eine der Gleichungen nach einer Variablen auf und setzt den erhaltenen Term für diese Variable in die andere Gleichung ein. (Ggf. kann auch nach Vielfachen wie 4y oder Termen wie $x - 2$ aufgelöst werden und das Ergebnis eingesetzt werden.)

- Falls erforderlich, vereinfache die Gleichungen und löse **eine** Gleichung nach einer Variablen auf, z. B. y.
- Setze den Term für diese Variable (y) in die andere Gleichung ein. Setze dabei Klammern um den eingesetzten Term, um keine Vorzeichenfehler zu machen.
- Löse die entstandene Gleichung.
- Setze den erhaltenen Wert für die eine Variable (x) in die nach der anderen Variablen aufgelöste Gleichung ein und berechne die andere Variable (y).
- Gib die Lösungsmenge an: $L = \{(x; y)\}$

Hinweis: Das Einsetzungsverfahren bietet sich an, wenn eine Gleichung schon nach einer Variablen aufgelöst ist bzw. das leicht erreicht werden kann.

Beispiel

(1) $y = 2x + 6$
(2) $x = y - 5$

(1) in (2): $x = (2x + 6) - 5$
$x = 2x + 1 \quad | -x$
$0 = x + 1 \quad | -1$
$x = \underline{-1}$
$x = -1$ in (1): $y = 2 \cdot (-1) + 6$
$y = \underline{4}$
$L = \underline{\underline{\{(-1; 4)\}}}$

Die erste Gleichung ist bereits nach y aufgelöst. In der zweiten Gleichung kann deshalb das y durch $2x + 6$ ersetzt werden.

„(1) in (2)" bedeutet, dass Gleichung (1) in Gleichung (2) eingesetzt wird.

Die Lösung für x setzt man nun in eine der Ausgangsgleichungen ein, um y zu erhalten.

Merke

Additionsverfahren

Bei diesem Verfahren formt man die Gleichungen so um, dass bei der Addition der Gleichungen eine Variable wegfällt.

- Falls erforderlich, vereinfache die Gleichungen und forme so um, dass in beiden Gleichungen die **gleichartigen Termglieder untereinanderstehen**.
- Multipliziere eine oder beide Gleichungen so, dass sich zwei Termglieder mit einer Variablen (z. B. y) ergeben, die sich nur im Vorzeichen unterscheiden.
- Addiere beide Gleichungen. Dabei entsteht eine Gleichung, die nur die andere Variable (z. B. x) enthält.
- Löse die entstandene Gleichung.
- Setze den erhaltenen Wert für die eine Variable (x) in eine der Gleichungen ein und berechne die andere Variable (y).
- Gib die Lösungsmenge an: $L=\{(x;y)\}$

Hinweis: Das Additionsverfahren bietet sich an, wenn Gleichungen schon „geordnet" sind bzw. das leicht erreicht werden kann oder gleichartige Termglieder sich nur in den Vorzeichen unterscheiden.

Beispiele

1. (1) $-2x + y = 6$

   $+ \quad + \quad +$

   (2) $x - y = -5$

   (1) + (2): $-x = 1 \quad |\cdot(-1)$

   $x = \underline{-1}$

   Die Koeffizienten der Variable y unterscheiden sich in beiden Gleichungen nur im Vorzeichen (+1 und −1), sodass bei der Addition der Gleichungen y eliminiert wird. Addiere die gleichartigen Termglieder. Der markierte Teil ist nur zur Verdeutlichung und kann weggelassen werden.

   „(1) + (2)" bedeutet, dass die Gleichungen addiert werden.

   $x=-1$ in (1): $y = 2\cdot(-1)+6$

   $y = \underline{4}$

   Die Lösung für x setzt man nun in eine der Ausgangsgleichungen ein, um y zu erhalten.

   $L = \underline{\underline{\{(-1;4)\}}}$

2. (1) $3(x-3y)=27$

   (2) $3(y-4)=4(x-3)$

   Zunächst müssen die Klammern aufgelöst werden. Am besten bringt man dann die Termglieder mit x und y auf die linke Seite, die Termglieder mit reinen Zahlen auf die rechte.

   (1') $3x-9y=27$

   (2') $3y-12=4x-12 \quad |-4x \quad |+12$

   Hier werden zwei Umformungen auf einmal getätigt. Das spart Zeit und Schreibarbeit. Das Ziehen von waagrechten Strichen und das Notieren stets beider Gleichungen ist eine gute Methode, um strukturiert vorzugehen.

   (1') $3x-9y=27$

   (2'') $-4x+3y=0 \quad |\cdot 3$

   Nun lässt sich das Additionsverfahren nutzen. Dazu formt man eine Gleichung so um, dass sich bei der Addition der Gleichungen eine der beiden Variablen herauskürzt. Hier wird y eliminiert.

   (1') $3x-9y=27$

   (2''') $-12x+9y=0$

   Jede Umformung wird mit einem weiteren ' in der Benennung der Gleichung verdeutlicht. So kann man beim Einsetzen genau angeben, in welche Gleichung eingesetzt wird.

   (1') + (2'''): $-9x = 27 \quad |:(-9)$

   $x = \underline{-3}$

   Die Lösung für x setzt man in eine aufgelöste Gleichung ein, um y zu erhalten.

   $x=-3$ in (2''): $-4\cdot(-3)+3y=0$

   $12+3y=0 \quad |-12 \quad |:3$

   $y=\underline{-4}$

   Man kann in jede Form der obigen Gleichungen einsetzen. (2'') erscheint in diesem Fall am einfachsten.

   $L=\underline{\underline{\{(-3;-4)\}}}$

Aufgabe 16

Löse das lineare Gleichungssystem.

a) (1) $2x + 5y = 6$
(2) $x + y = 9$

b) (1) $y = \frac{1}{2}x - 2$
(2) $y = -\frac{3}{2}x + 2$

c) (1) $4(y + 2) = 2x$
(2) $x + 4y + 3 = 4$

d) (1) $10(x + 1) - 6 = 2(4y + 4) + 2$
(2) $20 - (6 + 2x) = 9 + 2x - 4y$

2.3 Quadratische Gleichungen

Merke

Reinquadratische Gleichungen
Reinquadratische Gleichungen der Form $ax^2 + b = 0$ mit $a \neq 0$, bei denen die Variable (meist x) nur quadratisch vorkommt, lassen sich durch Umformen und Wurzelziehen lösen. Dazu bringt man die Gleichung durch Äquivalenzumformungen in die Form:
$\mathbf{x^2 = D}$ (D ist hier eine Zahl ohne Variable.)

- Ist $\mathbf{D > 0}$, gibt es **2 Lösungen** $(-\sqrt{D}; \sqrt{D})$.
- Ist $\mathbf{D = 0}$, gibt es **1 Lösung** (0).
- Ist $\mathbf{D < 0}$, gibt es **keine Lösung**.

Beispiel

$$\begin{aligned} 2x^2 - 3 &= 15 && |+3 \\ 2x^2 &= 18 && |:2 \\ x^2 &= 9 && |\sqrt{} \\ x_{1/2} &= \pm\sqrt{9} \\ x_{1/2} &= \underline{\pm 3} \\ L &= \underline{\underline{\{-3; 3\}}} \end{aligned}$$

Diese reinquadratische Gleichung wird umgeformt, bis x^2 „allein“ steht. Dann wird die Wurzel gezogen und die beiden Lösungen werden notiert.

Die zusätzliche Angabe der Lösungsmenge wird in der Prüfung meist nicht explizit verlangt, dennoch ist sie der Vollständigkeit halber hier angegeben. Achte dabei auf die korrekte Schreibweise und die richtige Ordnung der Zahlen.

Merke

Gemischtquadratische Gleichungen
Gemischtquadratische Gleichungen der Form $ax^2 + bx + c = 0$ mit $a, b \neq 0$, bei denen die Variable (meist x) quadratisch und linear vorkommt, lassen sich lösen, indem man so umformt, dass auf einer Seite der Gleichung 0 steht und die Teile nach quadratischem, linearem und konstantem Termglied ordnet. Neben der hier nicht behandelten quadratischen Ergänzung gibt es zwei Möglichkeiten:
(Es genügt, eine davon zu können – da Lehrer*innen hier jedoch unterschiedlich vorgehen, werden beide Möglichkeiten gezeigt und angewendet.)

- **p-q-Formel:** Man teilt die Gleichung ggf. durch die Zahl vor x^2 und erhält eine Gleichung in **Normalform** $x^2 + px + q = 0$. Dann lassen sich die Lösungen bestimmen mit:
$$x_{1/2} = -\frac{p}{2} \pm \sqrt{\left(\frac{p}{2}\right)^2 - q}$$
- **a-b-c-Formel/Mitternachtsformel:** Die Gleichung der Form $ax^2 + bx + c = 0$ liegt bereits vor. Dann lassen sich die Lösungen bestimmen mit:
$$x_{1/2} = \frac{-b \pm \sqrt{b^2 - 4ac}}{2a}$$

Der Radikand bzw. der Term unter der Wurzel (also $\left(\frac{p}{2}\right)^2 - q$ bzw. $b^2 - 4ac$) heißt **Diskriminante D** und bestimmt die Anzahl der Lösungen:

- Ist **D > 0**, gibt es **2 Lösungen**.
- Ist **D = 0**, gibt es **1 Lösung**.
- Ist **D < 0**, gibt es **keine Lösung**.

Die Formeln können auch dann angewendet werden, wenn es keinen konstanten Teilterm gibt – dann ist q = 0 bzw. c = 0. Alternativ lässt sich der Satz vom Nullprodukt anwenden (vgl. Lösungen zu Aufgaben 17 e und 18 c).

Beispiele

1. $x^2 - 3x - 4 = 0$

$$x_{1/2} = -\frac{-3}{2} \pm \sqrt{\left(\frac{-3}{2}\right)^2 - (-4)}$$

$$x_{1/2} = 1{,}5 \pm \sqrt{2{,}25 + 4}$$

$$x_{1/2} = 1{,}5 \pm \sqrt{6{,}25}$$

$$x_{1/2} = 1{,}5 \pm 2{,}5$$

$$x_1 = \underline{4}; \quad x_2 = \underline{-1}$$

$$\underline{\underline{L = \{-1; 4\}}}$$

Die quadratische Gleichung kann direkt in die p-q-Formel eingesetzt werden (p = −3; q = −4). Achte auf die korrekte Übernahme und Verrechnung der Vorzeichen.

Bei der Berechnung des ±-Zeichens wird hier und im Folgenden immer erst mit + und dann mit – gerechnet.

2. $3x^2 - 1 = -2x \quad | + 2x$

$$3x^2 + 2x - 1 = 0$$

$$x_{1/2} = \frac{-2 \pm \sqrt{4 + 12}}{6}$$

$$x_{1/2} = \frac{-2 \pm 4}{6}$$

$$x_1 = \frac{-2 + 4}{6} = \underline{\frac{1}{3}}$$

$$x_2 = \frac{-2 - 4}{6} = \underline{-1}$$

$$\underline{\underline{L = \left\{-1; \frac{1}{3}\right\}}}$$

Zuerst wird die Gleichung geordnet.

Hier bietet sich die a-b-c-Formel an, da beim Teilen durch 3 Brüche entstehen würden.

Zahlen dürfen im Bereich der reinen Algebra nicht gerundet werden, deshalb muss hier der Bruch $\frac{1}{3}$ stehen bleiben und kann nicht dezimal geschrieben werden.

Aufgabe 17

Löse die folgenden quadratischen Gleichungen.

a) $x^2 - 24x = -23$

b) $25x^2 - 10x - 3 = 0$

c) $x^2 + 36x + 99 = 0$

d) $x(2x + 1) - (x - 2)^2 = -8$

e) $(x + 3)^2 + (x + 3)(x - 3) = 0$

f) $2x^2 - 4x + 2 = x^2 - 4x + 1$

2.4 Bruchgleichungen

Merke

Bei Bruchgleichungen treten im Nenner Terme mit Variablen auf.
Um die Lösung der Gleichung zu berechnen, multiplizierst du die Bruchgleichung mit dem **Hauptnenner** und löst die so entstandene Gleichung. Die Lösung ist unter Berücksichtigung der **Definitionsmenge** als **Lösungsmenge** anzugeben.

Beispiele

1.

$$\frac{x+3}{x} = \frac{x^2+3}{2x} \qquad |\cdot 2x \qquad D = \mathbb{R} \setminus \{0\}$$

$$\frac{(x+3)\cdot 2\cancel{x}}{\cancel{x}} = \frac{(x^2+3)\cdot \cancel{2x}}{\cancel{2x}}$$

$$(x+3)\cdot 2 = x^2+3$$

$$2x+6 = x^2+3 \qquad |-2x$$

$$6 = x^2-2x+3 \qquad |-6$$

$$x^2-2x-3=0$$

$$x_{1/2} = -\frac{-2}{2} \pm \sqrt{\left(\frac{-2}{2}\right)^2 - (-3)}$$

$$x_{1/2} = 1 \pm \sqrt{1+3}$$

$$x_1 = \underline{3};\quad x_2 = \underline{-1}$$

$$L = \underline{\underline{\{-1; 3\}}}$$

Für $x=0$ werden die Nenner gleich 0; eine Division durch 0 ist nicht erlaubt. Die Gleichung ist also definiert für alle reellen Zahlen außer 0. Somit darf 0 nicht in der Lösungsmenge enthalten sein.
Der Hauptnenner HN enthält alle Faktoren der Nenner. Der Hauptnenner ist hier 2x. Die Zähler bleiben unverändert, müssen aber vor der Multiplikation mit dem HN ggf. eingeklammert werden. Bei der Multiplikation mit dem HN kürzen sich alle Nenner.

Umformen zum Einsetzen in die p-q-Formel

2.

$$\frac{3x}{6} = \frac{36}{3x} + 1 \qquad |\cdot 6x \qquad D = \mathbb{R} \setminus \{0\}$$

$$\frac{3x\cdot 6x}{6} = \frac{36\cdot 6x}{3x} + 1\cdot 6x$$

$$3x^2 = 72+6x \qquad |-6x-72$$

$$3x^2-6x-72=0 \qquad |:3$$

$$x^2-2x-24=0$$

$$x_{1/2} = -\frac{-2}{2} \pm \sqrt{\left(\frac{-2}{2}\right)^2 - (-24)}$$

$$x_{1/2} = 1 \pm \sqrt{1+24}$$

$$x_1 = \underline{6};\quad x_2 = \underline{-4}$$

$$L = \underline{\underline{\{-4; 6\}}}$$

Der Hauptnenner HN enthält alle Faktoren der Nenner. Der Hauptnenner ist hier 6x.

Nach Multiplikation mit dem Hauptnenner wird anschließend gekürzt. Achtung: Alle Termglieder müssen mit dem HN multipliziert werden, auch der Summand „1“.

Umformen zum Einsetzen in die p-q-Formel

3.

$$\frac{5x\cdot(5x-1)}{2x+1} = \frac{70x}{2x+1} \qquad |\cdot(2x+1) \qquad D = \mathbb{R} \setminus \{-0{,}5\}$$

$$25x^2-5x = 70x \qquad |-70x$$

$$25x^2-5x-70x=0$$

$$25x^2-75x=0 \qquad |:25$$

$$x^2-3x=0$$

$x=-0{,}5$ darf nicht in der Lösungsmenge enthalten sein, denn $2\cdot(-0{,}5)+1=0$.
Bei der Multiplikation mit dem HN $2x+1$ kürzen sich alle Nenner.
Umformen zum Einsetzen in die p-q-Formel
Auch mit dem Satz vom Nullprodukt könnte man schnell lösen:
$(25x-75)\cdot x = 0$
$\Rightarrow\ x=3$ oder $x=0$

$$x_{1/2} = -\frac{-3}{2} \pm \sqrt{\left(\frac{-3}{2}\right)^2 - 0}$$

Hier ist p = –3 und q = 0.

$$x_{1/2} = \frac{3}{2} \pm \frac{3}{2}$$

$$x_1 = \underline{3};\; x_2 = \underline{0}$$

$$L = \underline{\underline{\{0; 3\}}}$$

Aufgabe 18

Gib Definitions- und Lösungsmenge der Bruchgleichungen an.

a) $\frac{2(4-x^2)}{5x} = \frac{-8x-2}{5x}$

b) $\frac{-x^2+18}{2x} = 5 + \frac{7}{2x}$

c) $\frac{4+x}{x} = \frac{x}{4} - \frac{2x-4}{x}$

d) $\frac{6(-2x+6)}{3x+2} = -\frac{x^2}{3x+2}$

3 Funktionen

Hinweis: Die Bezeichnungen für die Parameter c, d etc. können in deinem Unterricht anders gelautet haben. Es kommt jedoch nicht auf den benutzten Buchstaben, sondern auf die Stellung im Funktionsterm an!

3.1 Lineare Funktionen

Darstellungsformen und Eigenschaften

Merke

Lineare Funktionen lassen sich wie folgt darstellen:
- als **Funktionsgleichung** der Form $y = m \cdot x + c$ (Hauptform für lineare Funktionen)
- als **Schaubild** bzw. **Graph** in Form einer Geraden
- als **Wertetabelle**

m heißt **Steigung** der Funktion. Sie ist …
- an der Funktionsgleichung direkt ablesbar.
- im Schaubild durch ein Steigungsdreieck bestimmbar.
- in der Wertetabelle am Abstand der y-Werte ablesbar, wenn zwischen den x-Werten 1 LE liegt.

c heißt **y-Achsenabschnitt** der Funktion. Er ist …
- an der Funktionsgleichung direkt ablesbar.
- im Schaubild ablesbar, wenn der Schnittpunkt $C(0\,|\,c)$ mit der y-Achse sichtbar ist.
- in der Wertetabelle ablesbar, wenn $x = 0$ enthalten ist. Der zugehörige y-Wert ist c.

Hinweis: Bei mehreren Funktionen wird jede Funktion mit einem Buchstaben – meist beginnend bei g – benannt und mit Doppelpunkt vor die Gleichung geschrieben.

Beispiele

1. Bestimmung der Steigung und des y-Achsenabschnitts der linearen Funktion g: $y = 2x - 1$ anhand der verschiedenen Darstellungsmöglichkeiten

Funktionsgraph/Schaubild:

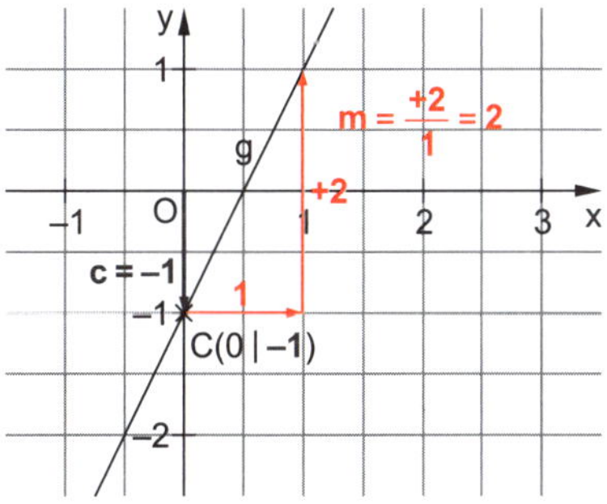

- Der y-Achsenabschnitt $c = -1$ kann sofort an der y-Koordinate des Schnittpunkts $C(0\,|\,-1)$ der Geraden mit der y-Achse abgelesen werden.
- Gehe von C aus um Δx LE nach rechts und um Δy LE nach oben/unten, bis wieder ein Punkt auf der Geraden erreicht ist.
  Die Steigung ist gleich dem Quotienten $\frac{+\Delta y}{\Delta x}$, falls nach oben gegangen wurde, bzw. gleich $\frac{-\Delta y}{\Delta x}$, falls nach unten gegangen wurde.
  Hier wurde um 1 LE nach rechts und um 2 LE nach oben gegangen. Demnach gilt:
  $m = \frac{+2}{1} = 2$

Funktionsgleichung:

g: y = **2**x **−1**

Steigung **m = 2** — y-Achsenabschnitt **c = −1**

- Die Steigung m ist der Koeffizient vor dem x.
- Der y-Achsenabschnitt c entspricht dem konstanten Termglied.

Wertetabelle:

x	−1	→**0**	1	2	3	4
y	−3	**c = −1**	1	3	5	7

+2 +2 +2 +2 +2
m = 2

- Liegen die x-Werte der aufeinanderfolgenden Spalten der Tabelle 1 LE auseinander, ist die Steigung m gleich der Differenz der zugehörigen y-Werte.
- Der y-Achsenabschnitt ist der y-Wert zum x-Wert 0.

2. Gegeben sind von drei verschiedenen linearen Funktionen eine Funktionsgleichung, ein Schaubild und eine Wertetabelle.
Gib jeweils die beiden anderen Darstellungen an.

Funktion g:

$g\colon y = -\frac{2}{3}x + 2$

Funktion h:

x	−1	0	1	2	3	4
y	1,25	1,5	1,75	2	2,25	2,5

Funktion k:

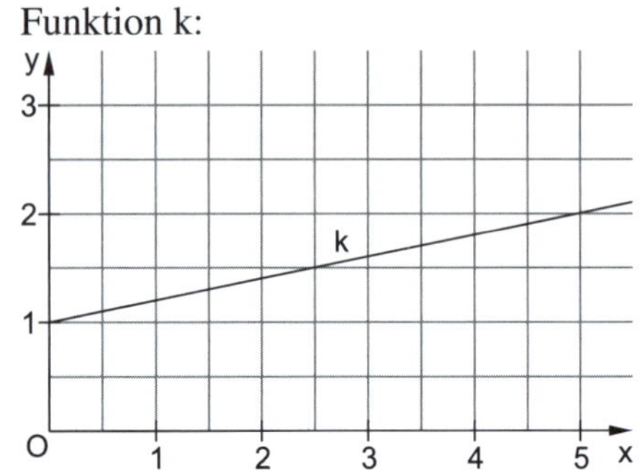

Lösung:

Funktion g:

Aus der Funktionsgleichung von g können die Steigung $m = \underline{-\frac{2}{3}}$ und der y-Achsenabschnitt $c = \underline{2}$ direkt abgelesen werden.

- Schaubild:

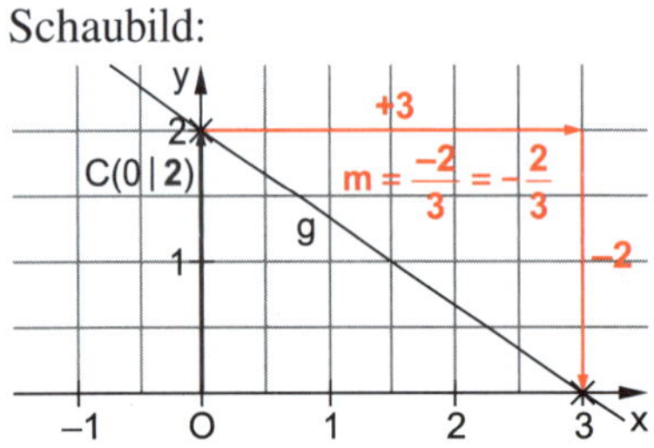

- Der y-Achsenabschnitt ist c = 2, die y-Achse wird also von der Geraden g bei +2 im Punkt C(0 | 2) geschnitten.
- Zeichne von C aus das Steigungsdreieck an: Gehe gemäß Nenner 3 LE nach rechts und gemäß Zähler 2 LE nach unten (da die Steigung negativ ist). Man landet beim Punkt (3 | 0). Die Gerade durch die beiden Punkte ergibt das Schaubild.

- Wertetabelle:

x	−2	−1	0	1	2	3
y	$3\frac{1}{3}$	$2\frac{2}{3}$	2	$1\frac{1}{3}$	$\frac{2}{3}$	0

Für die Wertetabelle rechne entweder die Werte mithilfe der Funktionsgleichung aus – oder starte bei (0 | 2) und addiere für jeden Schritt nach rechts $-\frac{2}{3}$, für jeden nach links ziehe $-\frac{2}{3}$ ab.

Funktion h:

Der y-Wert bei x = 0 ergibt c, in diesem Fall ist also $c = \underline{1{,}5}$.

Die aufeinanderfolgenden x-Werte der Tabelle liegen 1 LE auseinander, somit entspricht die Steigung der Differenz von Nachfolger- und Vorgänger-y-Wert (von links nach rechts gelesen), hier ist also $m = 1{,}5 - 1{,}25 = \underline{0{,}25}$.

- Funktionsgleichung:

$h\colon y = mx + c \qquad | \; m = 0{,}25;\; c = 1{,}5$

$h\colon \underline{\underline{y = 0{,}25x + 1{,}5}}$

- Schaubild:

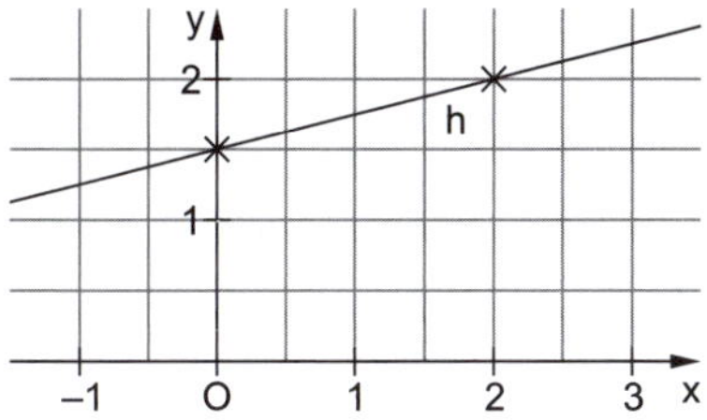

Lies aus der Wertetabelle die Koordinaten zweier Punkte ab. Zeichne sie in das Koordinatensystem ein und verbinde sie.

Funktion k:
Die Gerade schneidet die y-Achse im Punkt $(0|1)$, also gilt $c = \underline{1}$.
Gemäß Steigungsdreieck gilt: $m = \frac{1}{5}$

Skizze:

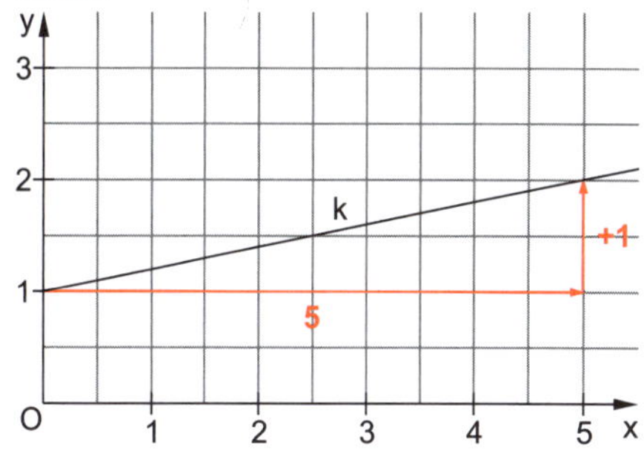

Tipp
Beim Bilden des Steigungsdreiecks sollte immer ein Gitterpunkt als Ziel gewählt werden. Würde man nur 1 LE nach rechts gehen, wäre der y-Wert unklar. Bei 5 nach rechts (oder 2,5) läuft die Gerade dagegen durch einen Gitterpunkt. Hier ist die Steigung eindeutig ablesbar.

- Funktionsgleichung:

$$k\colon y = mx + c \qquad \left|\; m = \frac{1}{5};\; c = 1\right.$$

$$k\colon \underline{\underline{y = \frac{1}{5}x + 1}}$$

- Wertetabelle:

x	−2	−1	0	1	2	3
y	0,6	0,8	1	1,2	1,4	1,6

Für die Wertetabelle liest man die Daten einfach vom Schaubild ab, berechnet sie mit der Funktionsgleichung oder addiert/subtrahiert jeweils die Steigung nach rechts/links.

3. a) Eine lineare Funktion g hat die Steigung 2 und geht durch den Punkt $P(5|8)$. Gib die Gleichung an.
   b) Eine lineare Funktion h geht durch den Punkt $C(0|-1)$ und durch den Punkt $Q(4|11)$. Gib die Gleichung an.

Lösung:

a) Berechnung von c:

$$\begin{aligned} y &= mx + c && |\; m = 2 \\ y &= 2x + c && |\; P(5|8) \\ 8 &= 2 \cdot 5 + c && |\; -10 \\ c &= \underline{-2} \end{aligned}$$

Somit: $g\colon \underline{\underline{y = 2x - 2}}$

Setze die Steigung m und den Punkt P in die Hauptform für lineare Funktionen ein und berechne c.

b) Bestimmung von c:
$C(0|-1) \in h \;\Rightarrow\; c = \underline{-1}$

Berechnung von m:

$$\begin{aligned} y &= mx + c && |\; c = -1 \\ y &= mx - 1 && |\; Q(4|11) \\ 11 &= m \cdot 4 - 1 && |\; +1 \\ 4m &= 12 && |\; :4 \\ m &= \underline{3} \end{aligned}$$

Somit: $g\colon \underline{\underline{y = 3x - 1}}$

Setze c und den Punkt Q in die Hauptform für lineare Funktionen ein und berechne m.

Aufgaben

19 Zeichne das Schaubild zur Funktionsgleichung g: $y = \frac{3}{2}x - 4$ und erstelle eine Wertetabelle für ganzzahlige x-Werte von –3 bis +3.

20 Erstelle Schaubild und Funktionsgleichung zu folgender Wertetabelle der Funktion h.

x	–3	–2	–1	0	1	2
y	7	4	1	–2	–5	–8

21 Bestimme die Funktionsgleichung der Funktion k aus dem Schaubild und erstelle eine Wertetabelle für ganzzahlige x von –4 bis +1.

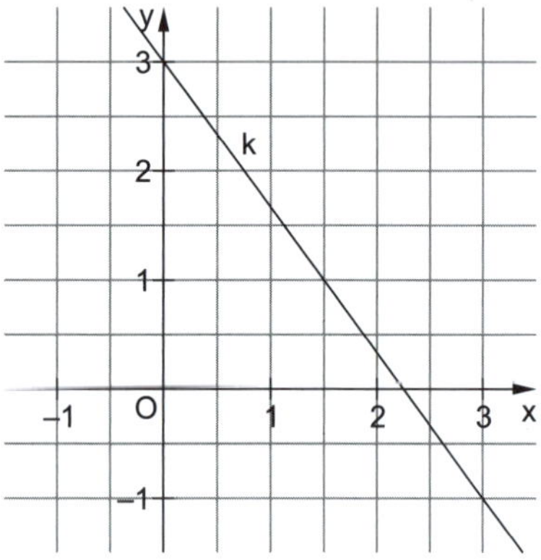

22 Bestimme die Funktionsgleichung der linearen Funktion j, deren Gerade durch die Punkte C(0 | 2) und Q(10 | –6) geht.

Berechnung der Nullstelle

Merke

Die x-Koordinate des Schnittpunkts eines Funktionsgraphen mit der x-Achse heißt **Nullstelle**. Die Nullstelle einer linearen Funktion ist …

- bei der Funktionsgleichung **nicht** ablesbar! Man kann sie berechnen, indem man **y = 0** setzt und nach x auflöst (siehe Kapitel 3.4).
- im Schaubild ablesbar, wenn der Schnittpunkt $N(x_N \mid 0)$ der Geraden mit der x-Achse sichtbar ist. Die Nullstelle ist dann gleich x_N.
- in der Wertetabelle ablesbar, wenn y = 0 enthalten ist. Der zugehörige x-Wert ist eine Nullstelle.

Beispiel

Funktionsgraph/Schaubild:

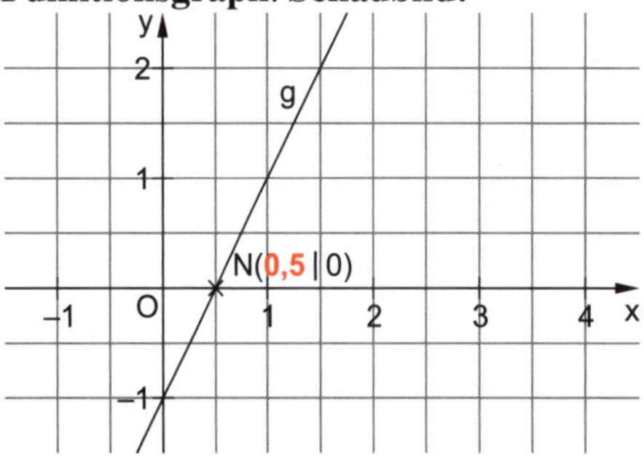

- Die Nullstelle ist ablesbar ($x_N = 0{,}5$), da die Gerade im abgebildeten Ausschnitt des Koordinatensystems die x-Achse schneidet.

Funktionsgleichung:

g: $y = 2x - 1$

- Die Nullstelle ist **nicht** direkt ablesbar.

Wertetabelle:

x	–1	0	1	2	3	4
y	–3	–1	1	3	5	7

- Die Nullstelle ist **nicht** direkt ablesbar, da kein Wert für y = 0 enthalten ist.

Bestimmung einer Geradengleichung aus zwei Punkten

Merke

Um eine **Gleichung einer linearen Funktion direkt aus zwei Punkten** $A(x_1 | y_1)$ und $B(x_2 | y_2)$ zu bestimmen, berechnet man zunächst die Steigung m mit der **Punkt-Steigungs-Formel** $m = \frac{\Delta y}{\Delta x} = \frac{y_2 - y_1}{x_2 - x_1}$. Anschließend setzt man das errechnete m und die Koordinaten eines Punktes in die allgemeine Funktionsgleichung ein und bestimmt c.

Hinweis: Ist einer der beiden Punkte der Schnittpunkt $(0 | c)$ der Geraden mit der y-Achse, kann der y-Achsenabschnitt c direkt abgelesen werden und die Anwendung der Punkt-Steigungs-Formel ist nicht nötig (vgl. Beispiel 3b auf Seite 25).

Beispiel

Eine lineare Funktion geht durch die Punkte $P(-1 | -2)$ und $Q(3 | 1)$.
Bestimme die Funktionsgleichung.

Lösung:
Berechnung von m:

$$m = \frac{y_Q - y_P}{x_Q - x_P} = \frac{1-(-2)}{3-(-1)} = \underline{\frac{3}{4}}$$

Skizze:

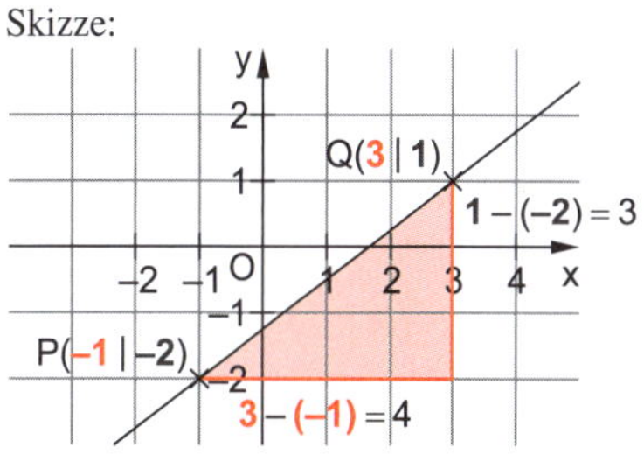

Berechnung von c:

$$y = mx + c \quad \left| m = \frac{3}{4}\right.$$

$$y = \frac{3}{4}x + c \quad |Q(3|1)$$

$$1 = \frac{3}{4} \cdot 3 + c$$

$$1 = \frac{9}{4} + c \quad \left| -\frac{9}{4}\right.$$

$$\underline{c = -\frac{5}{4}}$$

Bestimmung der Funktionsgleichung:

$$y = mx + c \quad \left| m = \frac{3}{4} \quad \right| c = -\frac{5}{4}$$

$$\underline{\underline{y = \frac{3}{4}x - \frac{5}{4}}}$$

alternativ: $\underline{\underline{y = 0,75x - 1,25}}$

Tipp

Alternativ kann man auch die Koordinaten beider Punkte in die Hauptform für lineare Funktionen einsetzen und erhält ein lineares Gleichungssystem mit den Unbekannten m und c:

$$y = mx + c$$

(1) $P(-1 | -2)$: $-2 = m \cdot (-1) + c$

(2) $Q(3 | 1)$: $1 = m \cdot 3 + c$

Das Gleichungssystem kann mit den Verfahren aus Kapitel 2.2 gelöst werden.

Aufgabe 23

Die Gerade g geht durch die Punkte $A(-1 | 1)$ und $B(17 | 10)$.
Bestimme die Funktionsgleichung und berechne anschließend die Nullstelle der Funktion.

Lagebeziehung zweier Geraden

Merke

Die **Lage zweier Geraden zueinander** kann parallel, identisch und senkrecht sein – oder sie schneiden sich in einem Punkt S. Die Lagebeziehung hängt von Steigung m und y-Achsenabschnitt c ab.

	c gleich ($c_1 = c_2$)	**c verschieden ($c_1 \neq c_2$)**
m gleich ($m_1 = m_2$)	Geraden sind **identisch**	Geraden sind **parallel**
m verschieden ($m_1 \neq m_2$)	Geraden schneiden sich auf der y-Achse	Geraden schneiden sich
$m_1 = -\frac{1}{m_2}$ bzw. $m_1 \cdot m_2 = -1$	Geraden stehen **senkrecht** aufeinander	

Beispiele

1. Bestimme die Lage der Geraden g: $y = 0{,}4x - 3$ und h: $y = 0{,}4x + 2$ zueinander.

   Lösung:

   Die Geraden haben die identische Steigung $m = 0{,}4$ und unterschiedliche y-Achsenabschnitte ($c_g = -3 \neq 2 = c_h$).

   A: Die Geraden g und h sind parallel.

2. Bestimme die Lage der Geraden k: $y = 2x - 4$ und j: $y = -0{,}5x + 3$ zueinander.

   Lösung:

   Die Geraden haben unterschiedliche Steigungen ($m_k = 2 \neq -0{,}5 = m_j$) und y-Achsenabschnitte ($c_k = -4 \neq 3 = c_j$).

   $\Rightarrow$ Die Geraden k und j schneiden sich.

Tipp Wie man den Schnittpunkt konkret berechnet, erfährst du in Kapitel 3.4.

   Wegen $m_k \cdot m_j = 2 \cdot (-0{,}5) = -1$ gilt:

   Die Geraden k und j stehen aufeinander senkrecht.

   A: Die Geraden k und j schneiden sich und stehen aufeinander senkrecht.

Aufgaben

24 Erläutere die Lage der Geraden g_1: $y = 2x + 4$ und g_2: $y = -5x + 4$ zueinander.

25 Gegeben ist eine Funktion g: $y = 3x + 6$.

a) Bestimme eine zu g parallele Funktion h, die durch den Punkt P(2 | 7) verläuft.

b) Bestimme eine zu g senkrechte Funktion k, die durch den Punkt Q(3 | 3) verläuft.

3.2 Quadratische Funktionen – nach oben geöffnete und verschobene Normalparabeln

Darstellungsformen und Eigenschaften

Merke

Quadratische Funktionen, die eine nach oben geöffnete und verschobene Normalparabel bilden, lassen sich wie folgt darstellen:

- als **Funktionsgleichung**
  in der **Scheitelform** $y=(x-d)^2+e$ und
  in der **Normalform** $y=x^2+bx+c$
- als **Schaubild** bzw. **Graph** in Form einer nach oben geöffneten und verschobenen Parabel. Es lässt sich bei Kenntnis des Scheitelpunkts in einem Koordinatensystem mit der Längeneinheit 1 cm mithilfe einer Parabelschablone zeichnen.
- als **Wertetabelle**

In der Scheitelform geben die Parameter **d** und **e** die **Verschiebung** der Standard-Normalparabel ($y=x^2$) in x- und y-Richtung an und entsprechen damit den Scheitelpunktkoordinaten der Parabel. Der **Scheitelpunkt S(d | e)** ist der tiefste Punkt einer nach oben geöffneten Parabel. d und e sind …

- bei der Funktionsgleichung in Scheitelform(!) direkt ablesbar.
- im Schaubild direkt ablesbar, wenn der Scheitelpunkt sichtbar ist.
- in der Wertetabelle ablesbar, wenn der kleinste y-Wert und zu diesem Wert symmetrische y-Werte enthalten sind (siehe Beispiel 1).

Hinweis: Bei mehreren Funktionen wird jede Funktion (ggf. mit Index) benannt (z. B. p_1, p_2 etc.) und mit Doppelpunkt vor die Gleichung geschrieben.

Beispiele

1. Bestimmung der Scheitelpunktkoordinaten S(d | e) der Funktion p: $y=(x-2)^2-1$ anhand der verschiedenen Darstellungsmöglichkeiten

Funktionsgraph/Schaubild:

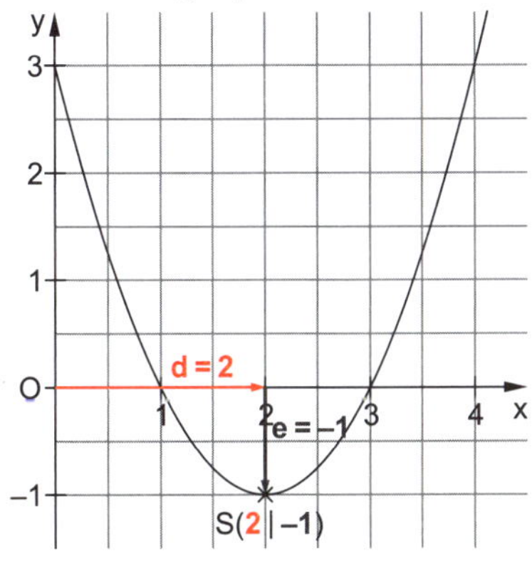

Die Koordinaten des Scheitelpunkts können direkt abgelesen werden. Bei einer nach oben geöffneten Parabel ist der Scheitelpunkt immer der tiefste Punkt, hier also S(2 | –1) und somit gilt d = 2 und e = –1.

Es handelt sich um eine um 2 LE nach rechts und um 1 LE nach unten verschobene und nach oben geöffnete Normalparabel.

Funktionsgleichung:

p: $y=(x-\underbrace{2}_{d})^2+\underbrace{(-1)}_{e}$

Aus der Scheitelform können d und e einfach abgelesen werden. Achte darauf, dass in der Scheitelform vor d ein Minus und vor e ein Plus steht und setze ggf. Klammern!

Wertetabelle:

x	–1	0	1	d = 2	3	4
y	8	3	0	e = –1	0	3

Suche die Spalte, die Symmetrieachse bezüglich der y-Werte ist. Bei einer nach oben geöffneten Parabel ist es die Spalte mit dem niedrigsten y-Wert. Aus ihr können d und e bzw. die Koordinaten des Scheitelpunkts abgelesen werden.

2. Gegeben sind von drei verschiedenen quadratischen Funktionen eine Funktionsgleichung, ein Schaubild und eine Wertetabelle. Gib jeweils die beiden anderen Darstellungen an.

Funktion p_1:

$p_1: y = (x+1)^2 - 0{,}5$

Funktion p_2:

x	–3	–2	–1	0	1	2
y	7	2	–1	–2	–1	2

Funktion p_3:

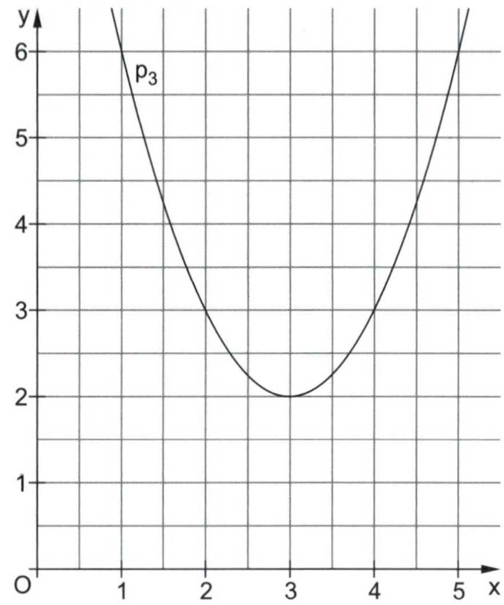

Lösung:

Funktion p_1:

Da die Funktionsgleichung von p_1 in der Scheitelform vorliegt, können $d_1 = -1$ und $e_1 = -0{,}5$ direkt abgelesen werden. Also ist $S_1(-1\,|\,-0{,}5)$ der Scheitelpunkt von p_1.

- Schaubild:

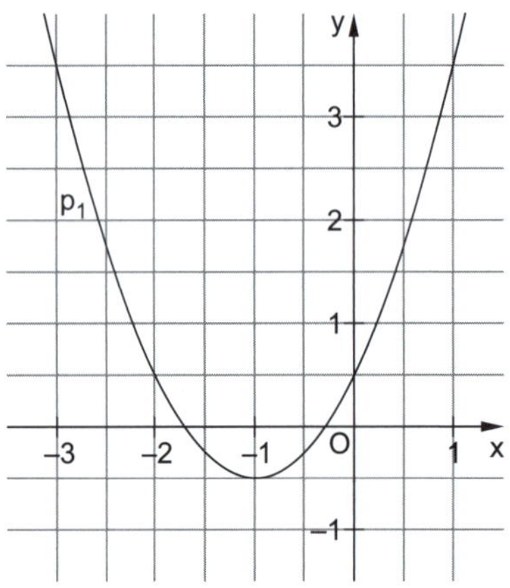

Wegen $d_1 = -1$ und $e_1 = -0{,}5$ handelt es sich um eine um 1 LE nach links und 0,5 LE nach unten verschobene Normalparabel mit Scheitelpunkt $S_1(-1\,|\,-0{,}5)$. Mithilfe einer Parabelschablone kann man das Schaubild in das Koordinatensystem einzeichnen. Alternativ bestimmt man weitere Punkte und zeichnet die Parabel dann von Hand.

- Wertetabelle:

x	–3	–2	–1	0	1	2	3
y	3,5	0,5	–0,5	0,5	3,5	8,5	15,5

Für die Wertetabelle reicht es, vom Scheitelpunkt $S_1(-1\,|\,-0{,}5)$ aus in eine Richtung (z. B. nach rechts) zu rechnen. Die anderen y-Werte sind symmetrisch zum Scheitelpunkt bei $x = -1$.

Funktion p_2:

Die Wertetabelle zu p_2 hat –2 als niedrigsten y-Wert (mit $x = 0$) zwischen symmetrischen Werten. Also ist $d_2 = 0$ und $e_2 = -2$ und $S_2(0\,|\,-2)$ ist der Scheitelpunkt von p_2.

- Funktionsgleichung:

$p_2: y = (x - d_2)^2 + e_2 \quad |S_2(0\,|\,-2) \;\Rightarrow\; d_2 = 0;\; e_2 = -2$

$p_2: y = (x - 0)^2 + (-2)$

$p_2: y = \underline{\underline{x^2 - 2}}$

Wichtig ist, bei der Funktionsgleichung auf keinen Fall das ^{2} zu vergessen!

- Schaubild:

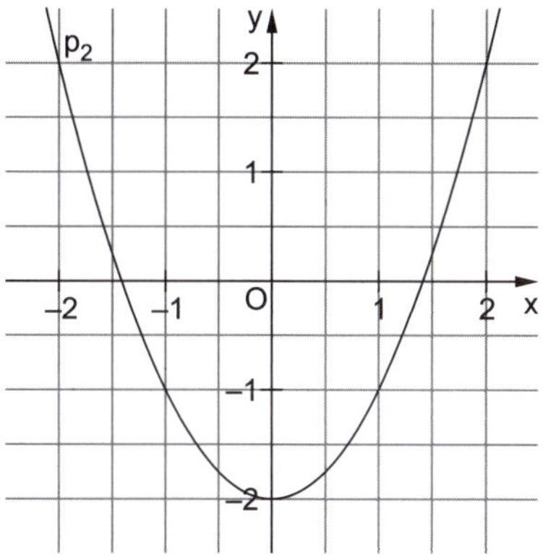

Zeichne den Scheitelpunkt $S_2(0\,|\,-2)$ ein und benutze die Parabelschablone.

Funktion p_3:
Ablesen des Scheitelpunkts aus dem Schaubild: $S_3(3\,|\,2)$

- Funktionsgleichung:

p_3: $y = (x - d_3)^2 + e_3 \quad |S_3(3\,|\,2) \quad \Rightarrow \quad d_3 = 3;\ e_3 = 2$
p_3: $\underline{\underline{y = (x-3)^2 + 2}}$

Wichtig ist, bei den Funktionsgleichungen auf keinen Fall das ^{2} zu vergessen!

- Wertetabelle:

x	−1	0	1	2	3	4
y	18	11	6	3	2	3

Für die Wertetabelle liest man die Wertepaare einfach vom Schaubild ab und berechnet weitere Paare mit der Funktionsgleichung. Es reicht, vom Scheitelpunkt ab in eine Richtung (z. B. nach links) zu rechnen. Die anderen y-Werte ergeben sich aus der Symmetrie.

3. Bestimme die Funktionsgleichung.
   a) Der Scheitelpunkt der nach oben geöffneten Normalparabel p_1 hat die Koordinaten $S_1(-3\,|\,0)$.
   b) Die nach oben geöffnete Normalparabel p_2 ist um 6 LE nach rechts und 4 LE nach unten verschoben.

   Lösung:

   a) p_1: $y = (x - d_1)^2 + e_1 \quad |S_1(-3\,|\,0) \quad \Rightarrow \quad d_1 = -3;\ e_1 = 0$
   p_1: $y = (x - (-3))^2 + 0$
   p_1: $\underline{\underline{y = (x+3)^2}}$

   b) Aus der Verschiebung um 6 LE nach rechts und um 4 LE nach unten folgt, dass der Scheitelpunkt bei $S_2(6\,|\,-4)$ liegt. Also:
   p_2: $y = (x - d_2)^2 + e_2 \quad |S_2(6\,|\,-4) \quad \Rightarrow \quad d_2 = 6;\ e_2 = -4$
   p_2: $\underline{\underline{y = (x-6)^2 - 4}}$

Aufgaben

26 Zeichne das Schaubild zur Funktionsgleichung p: $y = (x-1)^2 + 1{,}5$ und erstelle eine Wertetabelle für ganzzahlige x-Werte von −1 bis +3.

27 Erstelle Schaubild und Funktionsgleichung der Parabel q mithilfe folgender Wertetabelle.

x	1	2	3	4	5	6
y	4	1	0	1	4	9

28 Bestimme die Funktionsgleichung der verschobenen Normalparabel p aus dem Schaubild und erstelle eine Wertetabelle für ganzzahlige x-Werte von –1 bis +4.

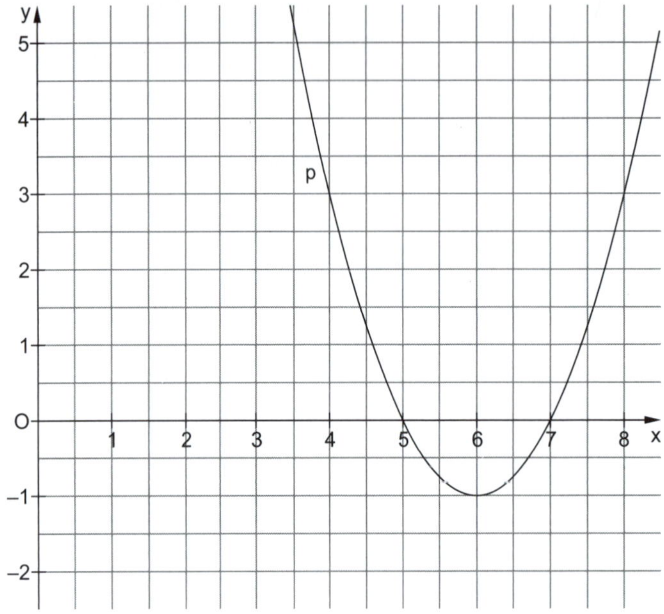

Schnittpunkte mit den Koordinatenachsen

Merke

Der Parameter c in der **Normalform** $y = x^2 + bx + c$ heißt **y-Achsenabschnitt** der Funktion. Er ist …
- bei der Funktionsgleichung in Normalform direkt ablesbar.
- im Schaubild am Schnittpunkt $C(0 \mid c)$ der Parabel mit der y-Achse ablesbar.
- in der Wertetabelle als y-Wert bei $x = 0$ ablesbar (sofern enthalten).

Die x-Koordinaten der Schnittpunkte der Parabel mit der x-Achse heißen **Nullstellen**. Es kann zwei, eine oder keine Nullstelle(n) geben. Sie sind …
- an der Funktionsgleichung **nicht** ablesbar! Man kann sie berechnen, indem man $y = 0$ setzt und nach x auflöst (siehe Kapitel 3.4).
- im Schaubild an den Schnittpunkten $N_1(x_1 \mid 0)$ und $N_2(x_2 \mid 0)$ der Parabel mit der x-Achse – zumindest ungefähr – ablesbar.
- in der Wertetabelle als x-Werte bei $y = 0$ ablesbar (sofern enthalten).

Beispiele

1. **Funktionsgraph / Schaubild:**

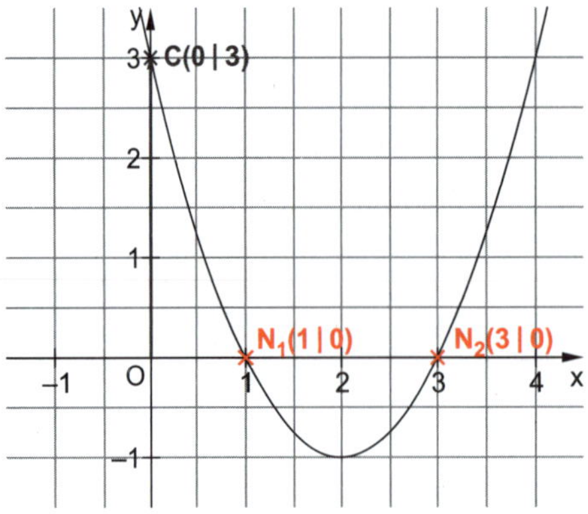

- Der y-Achsenabschnitt ist ablesbar: $c = 3$
- Die Nullstellen sind ablesbar: $x_1 = 1$; $x_2 = 3$

Funktionsgleichung:

p: $y = (x-2)^2 - 1$	**Scheitelform**	• Der y-Achsenabschnitt und die Nullstellen sind **nicht** direkt ablesbar.
p: $y = x^2 - 4x \underbrace{+\mathbf{3}}_{\text{y-Achsenabschnitt}}$	**Normalform**	• Der y-Achsenabschnitt ist ablesbar: $c = 3$ • Die Nullstellen sind **nicht** ablesbar.

Wertetabelle:

x	–1	→ 0	1	2	3	4
y	8	**3**	→ 0	–1	→ 0	3

- Der y-Achsenabschnitt ist ablesbar ($c = 3$), da der Wert für $x = 0$ vorkommt.
- Die Nullstellen sind ablesbar ($x_1 = 1$; $x_2 = 3$), da die Werte für $y = 0$ vorkommen.

2. Die Normalparabel p ist nach oben geöffnet. Sie schneidet die y-Achse bei 4 und geht durch den Punkt P(–1 | 3).
Bestimme die Funktionsgleichung.

Lösung:

Da die Parabel p die y-Achse bei 4 schneidet, liegt der Punkt C(0 | 4) auf p und die Parabel hat den y-Achsenabschnitt $c = 4$.

Berechnung von b:

$y = x^2 + bx + c \quad | \, c = 4$

$y = x^2 + bx + 4 \quad | \, P(-1 \mid 3)$

$3 = (-1)^2 + b \cdot (-1) + 4$

$3 = 5 - b \quad | +b \quad | -3$

$b = \underline{2}$

Beim Einsetzen von $x = -1$ müssen Klammern gesetzt werden, sodass sich das Quadrat auf –1 auswirkt. Ebenso darf nicht etwa $b - 1$ geschrieben werden. Da hier Vor- und Rechenzeichen aufeinandertreffen, ist auch hier –1 einzuklammern.

Bestimmung der Funktionsgleichung von Parabel p:

p: $y = x^2 + bx + 4 \quad | \, b = 2$

p: $\underline{\underline{y = x^2 + 2x + 4}}$

Umformung der Funktionsgleichung

Merke

Umformung von Scheitelform in Normalform

- Löse die binomische Formel auf und fasse zusammen.

Umformung von Normalform in Scheitelform

- **Quadratische Ergänzung:** Addiere hinter dem Termglied bx die Zahl $\left(\frac{b}{2}\right)^2$ und subtrahiere sie gleich wieder.
- Bilde aus den ersten drei Termgliedern eine binomische Formel.
- Fasse die Zahlen außerhalb der binomischen Klammer zusammen.

$y = x^2 + bx + c$ — Normalform

$y = \underbrace{x^2 + bx + \left(\frac{b}{2}\right)^2} - \left(\frac{b}{2}\right)^2 + c$ — quadratische Ergänzung

$y = \left(x + \frac{b}{2}\right)^2 - \left(\frac{b}{2}\right)^2 + c$ — **binomische Formel**

$y = \left(x - \underbrace{\left[-\frac{b}{2}\right]}_{d}\right)^2 \underbrace{- \left(\frac{b}{2}\right)^2 + c}_{e}$

$y = (x - d)^2 + e$ — Scheitelform

Beispiele

1. Bestimme die Normalform der Parabel p: $y = (x-5)^2 + 1$.

   Lösung:

   p: $y = (x-5)^2 + 1$
   p: $y = x^2 - 10x + 25 + 1$
   p: $\underline{\underline{y = x^2 - 10x + 26}}$

2. Bestimme den Scheitelpunkt S der Parabel q: $y = x^2 + 8x - 3$.

   Lösung:
   Bestimmung der Scheitelform und von Scheitelpunkt S:

   $y = x^2 + 8x - 3$ — Normalform
   $y = \underbrace{x^2 + 8x + 4^2} \underbrace{- 4^2 - 3}$ — quadratische Ergänzung
   $y = (x+4)^2 \quad -16 - 3$ — **binomische Formel**
   $y = (x - \underbrace{(-4)}_{d})^2 \underbrace{-19}_{e}$ — Scheitelform

   $\Rightarrow \underline{\underline{S(-4\,|\,-19)}}$

   Das Rechenzeichen vor dem linearen Termglied (mit x) bestimmt die binomische Formel.
   $+ \Rightarrow$ 1. binomische Formel
   $- \Rightarrow$ 2. binomische Formel

Aufgaben

29 Der Scheitelpunkt einer nach oben geöffneten Normalparabel p ist S(–1,5 | 0,75). Wie lautet die Normalform der Funktionsgleichung?

30 Eine nach oben geöffnete Normalparabel p schneidet die y-Achse bei –1 und geht durch den Punkt P(3 | –1).
Bestimme den Scheitelpunkt von p.

31 Gegeben ist die verschobene Normalparabel p_1 mit der Funktionsgleichung p_1: $y = (x-2)^2$. Gib die Funktionsgleichung der Parabel p_2 an, die entsteht, wenn man Parabel p_1 um 3 LE nach rechts und 7 LE nach oben verschiebt.
Ermittle die Koordinaten des Schnittpunkts C von Parabel p_2 mit der y-Achse.

Bestimmung der Funktionsgleichung über Symmetrie

Merke

Hat man von einer nach oben geöffneten und verschobenen Normalparabel zwei Punkte $P_1(x_1 \mid y)$, $P_2(x_2 \mid y)$ mit gleicher y-Koordinate gegeben und $x_1 < x_2$, kann man den **Scheitelpunkt** $S(x_S \mid y_S)$ und damit auch die **Funktionsgleichung über Symmetrie bestimmen:**

- $x_S = \frac{x_1 + x_2}{2}$ ($x_S = x_M$, mit $M\left(\frac{x_1+x_2}{2} \mid y\right)$ Mittelpunkt von Strecke $\overline{P_1P_2}$)
- $y_S = y - \left(\frac{x_2 - x_1}{2}\right)^2$

  (Für y_S bestimmt man den halben Abstand von P_1 und P_2, quadriert ihn und subtrahiert/addiert das Ergebnis von der gemeinsamen y-Koordinate von P_1 und P_2, je nachdem, ob die Parabel nach oben/unten geöffnet ist.)

Tipp

Hat man zwei Nullstellen gegeben, kann man die Normalform der Funktion sogar direkt mithilfe des Satzes von Vieta angeben ($b = -(x_1 + x_2)$ und $c = x_1 \cdot x_2$). Dieser Satz wird nicht immer gelehrt und ist für die Abschlussprüfung nicht zwingend erforderlich. Für den speziellen Fall schafft er jedoch wesentliche Rechenvorteile (siehe Alternative in Beispiel 2).

Beispiele

1. Das Schaubild zeigt einen Ausschnitt einer verschobenen Normalparabel p. Bestimme die Funktionsgleichung von p.

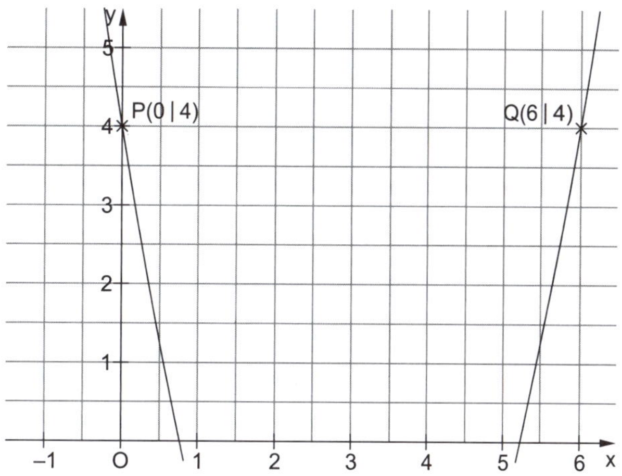

Lösung:

Berechnung der x-Koordinate von Scheitelpunkt S:

$x_S = \frac{x_P + x_Q}{2} = \frac{0+6}{2} = \underline{3}$

Berechnung der y-Koordinate von Scheitelpunkt S:

$y_S = y - \left(\frac{x_Q - x_P}{2}\right)^2 = 4 - \left(\frac{6-0}{2}\right)^2 = 4 - 9 = \underline{-5}$

$\Rightarrow \underline{S(3 \mid -5)}$

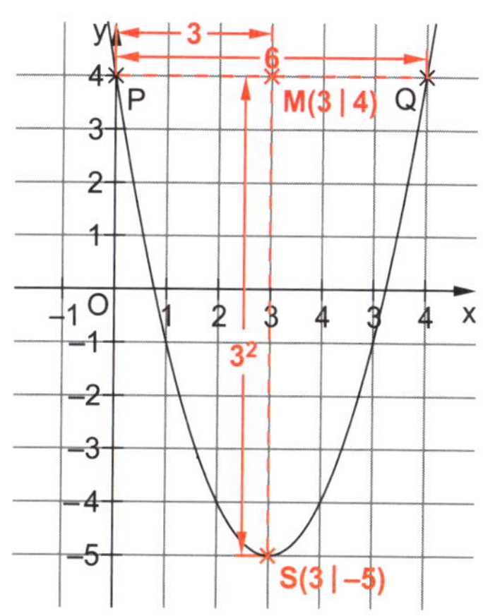

Bestimmung der Funktionsgleichung:

p: $y = (x - d)^2 + e \quad \mid S(3 \mid -5) \;\Rightarrow\; d = 3;\; e = -5$

p: $\underline{\underline{y = (x-3)^2 - 5}}$

2. Das Schaubild zeigt einen Ausschnitt einer verschobenen Normalparabel p.
   Bestimme die Funktionsgleichung von p.

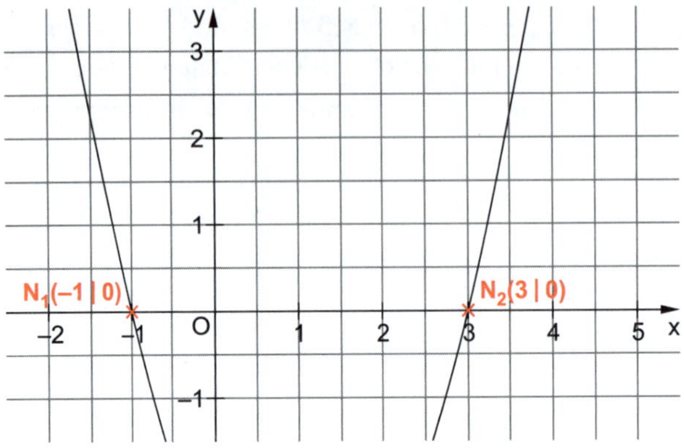

Lösung:

Berechnung der x-Koordinate von Scheitelpunkt S:

$$x_S = \frac{x_{N_1} + x_{N_2}}{2} = \frac{-1+3}{2} = \underline{1}$$

Die Punkte N_1 und N_2 haben die gleiche y-Koordinate (0) und können daher zur Bestimmung des Scheitelpunkts verwendet werden.

Berechnung der y-Koordinate von Scheitelpunkt S:

$$y_S = 0 - \left(\frac{x_{N_2} - x_{N_1}}{2}\right)^2 = -\left(\frac{3-(-1)}{2}\right)^2 = -2^2 = \underline{-4}$$

$\Rightarrow \underline{S(1\,|\,-4)}$

Bestimmung der Funktionsgleichung:

p: $y = (x-d)^2 + e \quad |\, S(1\,|\,-4) \Rightarrow d = 1;\ e = -4$

p: $\underline{\underline{y = (x-1)^2 - 4}}$

Alternative Lösungsmöglichkeit:

Mit dem Satz von Vieta ergibt sich:

$b = -(x_{N_1} + x_{N_2}) = -(-1+3) = \underline{-2} \quad \Rightarrow \quad b = \underline{-2}$

$c = x_{N_1} \cdot x_{N_2} = (-1) \cdot 3 = \underline{-3}$

p: $y = x^2 + bx + c \quad |\, b = -2;\ c = -3$

p: $\underline{\underline{y = x^2 - 2x - 3}}$

Die Lösung ist die gleiche, nur erhält man hier die Normal- und nicht die Scheitelform.

Aufgabe 32

Eine nach oben geöffnete Normalparabel p verläuft durch die Punkte $P(-4\,|\,-1)$ und $Q(-2\,|\,-1)$.
Bestimme die Funktionsgleichung von p.

3.3 Quadratische Funktionen – gestreckte/gestauchte Parabeln

Darstellungsformen und Eigenschaften

Merke

Quadratische Funktionen, die eine gestreckte bzw. gestauchte Parabel bilden und nur nach unten oder oben verschoben sind, lassen sich wie folgt darstellen:

- als **Funktionsgleichung** der Form $y = ax^2 + c$ mit $a \neq 0$, $a \neq 1$
- als **Schaubild** bzw. Graph in Form einer gestreckten bzw. gestauchten Parabel
- als **Wertetabelle**

Der Parameter **a** heißt **Streckungs-/Öffnungsfaktor** und bestimmt **Form** und **Öffnung** der Parabel.

- **Form:**
  $|a| < 1$: Die Parabel ist **gestaucht** (breiter als Normalparabel).
  $|a| > 1$: Die Parabel ist **gestreckt** (schmaler als Normalparabel).
  Hinweis: $|a|$ (sprich „Betrag von a") gibt den Zahlenwert ohne Vorzeichen wieder!
- **Öffnung:**
  $a < 0$: Die Parabel ist nach **unten** geöffnet.
  $a > 0$: Die Parabel ist nach **oben** geöffnet.

Der Parameter **c** gibt die **Verschiebung** des Scheitelpunkts in **y-Richtung** an. Der **Scheitelpunkt S(0 | c)** ist der Extrempunkt – also der tiefste Punkt ($a > 0$) bzw. höchste Punkt ($a < 0$) – der Parabel. Gleichzeitig ist c der **y-Achsenabschnitt**, also der Schnittpunkt mit der y-Achse.

Der Streckungsfaktor a und die Verschiebung c sind …

- an der Funktionsgleichung direkt ablesbar.
- im Schaubild direkt ablesbar, wenn der Scheitelpunkt S(0 | c) abgebildet ist.
  Für a gehe von S aus 1 LE nach rechts und prüfe, wie weit man nach oben/unten gehen muss, um wieder auf die Parabel zu kommen.
- in der Wertetabelle ablesbar, wenn die Werte y_S und y_1 für $x_S = 0$ und $x_1 = \pm 1$ enthalten sind. a ist dann die Differenz aus y_1 und y_S, c entspricht y_S.

Beispiele

1. **Funktionsgraph/Schaubild:**

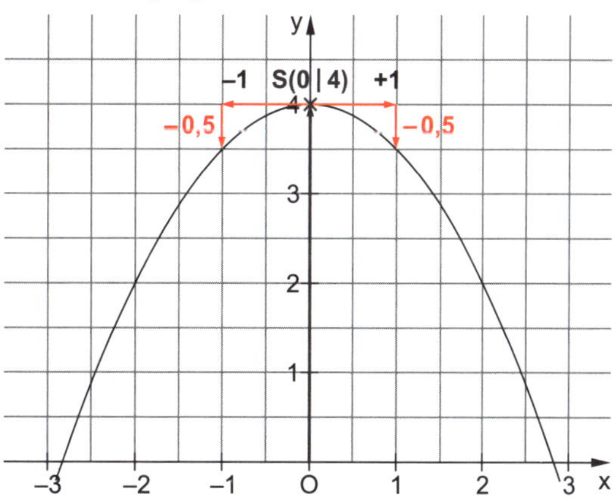

Man erkennt gestreckte/gestauchte Parabeln, indem man vom Scheitelpunkt aus 1 nach rechts und 1 nach oben geht. Landet man nicht auf der Parabel, ist sie gestreckt, gestaucht oder umgedreht. Gestreckte/Gestauchte Parabeln lassen sich, mit einer Ausnahme für $a = -1$, nicht mit der Parabelschablone zeichnen.

Funktionsgleichung:

p: $y = \underbrace{-0{,}5}_{\text{Streckungsfaktor}} x^2 + \underbrace{4}_{\text{Verschiebung + y-Achsenabschnitt}}$

a = −0,5 **c = 4**

$a < 0 \Rightarrow$ nach unten geöffnet
$|a| < 1 \Rightarrow$ gestaucht

Wertetabelle:

x	–3	–2	–1	→0	1	2
y	–0,5	2	3,5	**4**	3,5	2

Bei gestreckten/gestauchten Parabeln der Form $y = ax^2 + c$ liegt der Scheitelpunkt $S(0\,|\,c)$ auf der y-Achse. Dementsprechend ist in der Tabelle der y-Wert zu $x = 0$ gleich der Verschiebung und entspricht zugleich dem y-Achsenabschnitt und dem Extremwert der Parabel. Die y-Werte sind zur zugehörigen Spalte symmetrisch. Der Streckungsfaktor a ergibt sich als Differenz der y-Werte zu $x = 1$ und $x = 0$, hier $a = 3{,}5 - 4 = -0{,}5$.

2. Gegeben sind von drei verschiedenen quadratischen Funktionen eine Funktionsgleichung, ein Schaubild und eine Wertetabelle.
Gib jeweils die beiden anderen Darstellungen an.

Funktion p_1:
p_1: $y = 1{,}5x^2 - 3$

Funktion p_2:

x	–2	–1	0	1	2	3
y	1	1,75	2	1,75	1	–0,25

Funktion p_3:

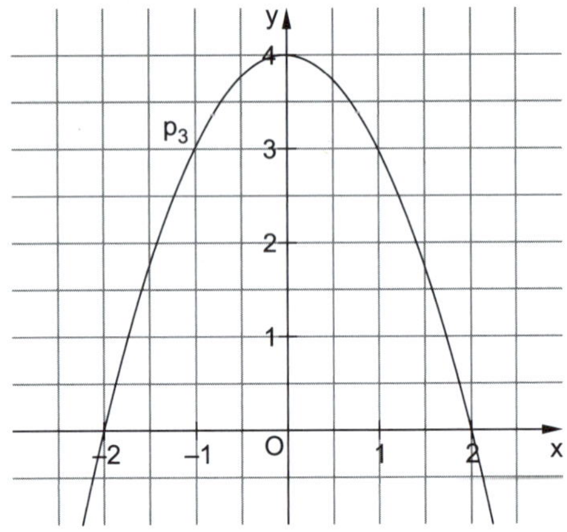

Lösung:
Funktion p_1:
Aus der Funktionsgleichung von p_1 können Streckungsfaktor $a_1 = \underline{1{,}5}$, Verschiebung $c_1 = \underline{-3}$ und Scheitelpunkt $\underline{S_1(0\,|\,{-3})}$ direkt abgelesen werden.

- Wertetabelle:

x	–3	–2	–1	0	1	2	3
y	10,5	3	–1,5	–3	–1,5	3	10,5

Für die Wertetabelle reicht es, vom Scheitelpunkt $S_1(0\,|\,{-3})$ aus in eine Richtung (z. B. nach rechts) zu rechnen. Die anderen y-Werte sind symmetrisch zum Scheitelpunkt bei $x = 0$.

- Schaubild:

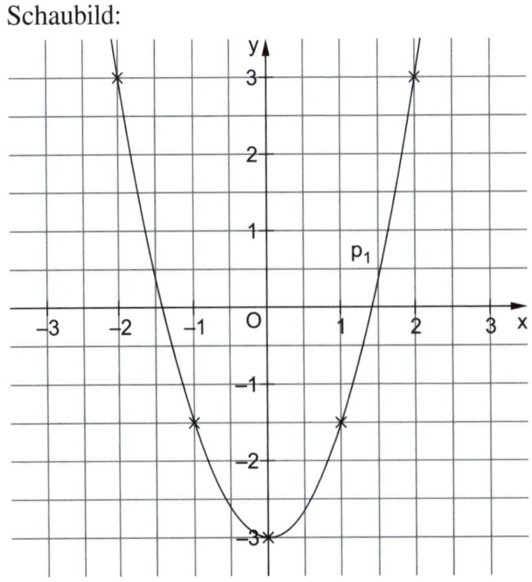

In diesem Fall ist es sinnvoll, vor dem Zeichnen der Parabel die Wertetabelle zu erstellen. Da man die Parabelschablone nicht anlegen kann, muss die Parabel von Hand gezeichnet werden.

Funktion p_2:
Die Wertetabelle zu p_2 hat 2 als höchsten y-Wert (mit x-Wert 0) zwischen symmetrischen Werten. Demnach ist $c_2 = \underline{2}$ und $S_2(0|2)$ ist der Scheitelpunkt von p_2. Der y-Wert für $x_1 = 1$ ist $y_1 = 1{,}75$, damit ist $a_2 = y_1 - c_2 = 1{,}75 - 2 = \underline{-0{,}25}$.

- Funktionsgleichung:

$p_2: y = ax^2 + c \qquad | a_2 = -0{,}25;\ c_2 = 2$

$p_2: y = \underline{\underline{-0{,}25x^2 + 2}}$

alternativ: $p_2: y = \underline{\underline{-\frac{1}{4}x^2 + 2}}$

Wichtig ist, bei der Funktionsgleichung auf keinen Fall das ² zu vergessen!

- Schaubild:

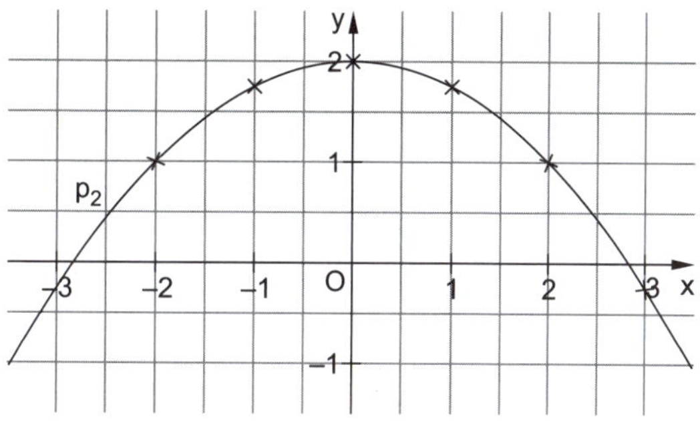

Zeichne den Scheitelpunkt $S_2(0\,|\,2)$ ein und verwende die Werte aus der Wertetabelle, um die Parabel von Hand zu zeichnen.

Funktion p_3:
Ablesen des Scheitelpunkts aus dem Schaubild: $S_3(0|4)$. Damit ist $c_3 = \underline{4}$.
Geht man vom Scheitelpunkt aus 1 LE nach rechts, muss man 1 LE nach unten gehen, um wieder auf der Parabel zu landen. Damit ist $a_3 = \underline{-1}$.

- Funktionsgleichung:

$p_3: y = ax^2 + c \qquad | a_3 = -1;\ c_3 = 4$

$p_3: \underline{\underline{y = -x^2 + 4}}$

Wichtig ist, bei der Funktionsgleichung auf keinen Fall das ² zu vergessen!

- Wertetabelle:

x	−3	−2	−1	0	1	2	3
y	−5	0	3	4	3	0	−5

Für die Wertetabelle liest man die Wertepaare einfach vom Schaubild ab und berechnet weitere Paare mit der Funktionsgleichung. Es reicht, vom Scheitelpunkt ab in eine Richtung (z. B. nach links) zu rechnen. Die anderen y-Werte ergeben sich aus der Symmetrie.

3. Bestimme die Funktionsgleichung.
   a) Eine nach unten geöffnete Parabel p_1 hat den Streckungsfaktor $a_1 = -\frac{1}{2}$ und geht durch $S(0|5)$.
   b) Eine nach oben geöffnete Parabel p_2 mit $a_2 = \frac{1}{3}$ geht durch den Punkt $P(3|0)$.

Lösung:

a) $a_1 = -\frac{1}{2}$ und wegen $S(0|5)$ gilt $c_1 = 5$.

c kann man direkt aus dem Scheitelpunkt ablesen.

Somit: $\underline{\underline{p_1: y = -\frac{1}{2}x^2 + 5}}$

b) Berechnung von c_2:

$p_2: y = a_2x^2 + c_2 \quad \left| a_2 = \frac{1}{3} \right.$

$y = \frac{1}{3}x^2 + c_2 \quad | P(3|0)$

$0 = \frac{1}{3} \cdot 3^2 + c_2 \quad | -3$

$c_2 = \underline{-3}$

Setze den Öffnungsfaktor a_2 und den Punkt P in die Funktionsgleichung ein.

$\frac{1}{3} \cdot 3^2 = \frac{1}{3} \cdot 9 = \frac{9}{3} = 3$

Bestimmung der Funktionsgleichung von Parabel p_2:

$p_2: y = a_2x^2 + c_2 \quad \left| a_2 = \frac{1}{3};\ c_2 = -3 \right.$

$\underline{\underline{p_2: y = \frac{1}{3}x^2 - 3}}$

Aufgaben

33 Zeichne das Schaubild zur Funktionsgleichung p: $y = \frac{1}{5}x^2$ und erstelle eine Wertetabelle für ganzzahlige x-Werte von –3 bis +3.

34 Erstelle Schaubild und Funktionsgleichung der Parabel p mithilfe folgender Wertetabelle.

x	–2	–1	0	1	2
y	–3,5	1	2,5	1	–3,5

35 Bestimme die Funktionsgleichung der Parabel p aus dem Schaubild und erstelle eine Wertetabelle für ganzzahlige x von –3 bis +3.

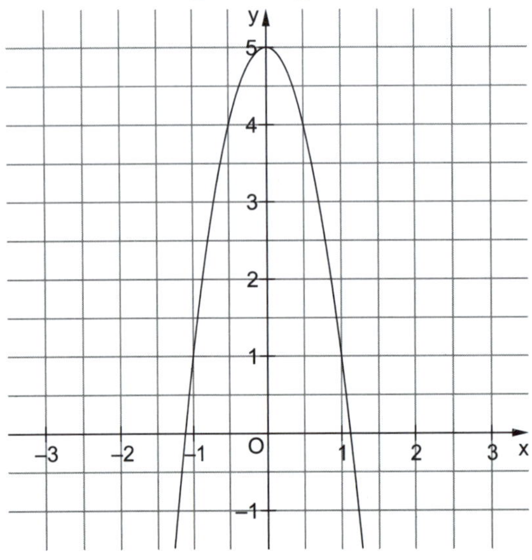

36 Eine Parabel p hat den Scheitelpunkt S(0|–3) und geht durch P(12|69).
Bestimme die Funktionsgleichung von p.

3.4 Typische Aufgabenstellungen zu Funktionen

Im Folgenden werden zunächst die Vorgehensweisen zu typischen Aufgabenstellungen bei linearen und quadratischen Funktionen in Merkekästen erklärt und mit Beispielen veranschaulicht. Anschließend folgen vermischte, mehrteilige Aufgaben. Wie in der Abschlussprüfung musst du anhand der Aufgabenstellung analysieren, um welchen Aufgabentyp es sich handelt und welche Vorgehensweise gefragt ist.

Überprüfung, ob ein Punkt auf einem Funktionsgraphen liegt

Merke

- Einsetzen der Koordinaten des Punkts in die Funktionsgleichung **(Punktprüfung)**
- Ergibt sich nach dem Vereinfachen eine wahre Gleichung (z. B. $3=3$), liegt der Punkt auf den Graphen, andernfalls nicht.

Beispiele

1. Überprüfe, ob der Punkt $P(70\,|\,32)$ auf der Geraden g mit der Funktionsgleichung g: $y=0{,}4x-3$ liegt.

   Lösung:

   $y=0{,}4x-3 \qquad |\,P(70\,|\,32)$
   $32=0{,}4\cdot 70-3$
   $32=28-3$
   $32=25$ ↯

   A: Der Punkt P liegt nicht auf der Geraden g.

2. Überprüfe, ob der Punkt $Q(6\,|\,22)$ auf der Parabel p mit der Funktionsgleichung p: $y=0{,}5x^2+4$ liegt.

   Lösung:

   $y=0{,}5x^2+4 \qquad |\,Q(6\,|\,22)$
   $22=0{,}5\cdot 6^2+4$
   $22=0{,}5\cdot 36+4$
   $22=18+4$
   $22=22$ ✓

   A: Der Punkt Q liegt auf der Parabel p.

Berechnung einer fehlenden Koordinate eines Punkts auf einem Funktionsgraphen

Merke

Um eine **fehlende Koordinate** zu berechnen, setzt man die vorhandene Koordinate ein und löst nach x bzw. y auf.

Beispiel

Berechne die fehlende Koordinate.

a) $P(11\,|\,y_P)$ liegt auf der Parabel p mit der Funktionsgleichung p: $y=x^2-10x+1$.
b) $Q(x_Q\,|\,15)$ liegt auf der Geraden g mit der Funktionsgleichung g: $y=0{,}4x-3$.

Lösung:

a) $y=x^2-10x+1 \qquad |\,P(11\,|\,y_P)$
$y_P=11^2-10\cdot 11+1$
$y_P=\underline{\underline{12}}$

b) $y = 0{,}4x - 3 \quad |Q(x_Q|15)$

$15 = 0{,}4x_Q - 3 \quad |+3$

$18 = 0{,}4x_Q \quad |:0{,}4$

$x_Q = \underline{\underline{45}}$

Siehe auch Kapitel 2.1

Berechnung der Nullstellen einer Funktion

Merke

Die **Nullstelle(n)** bzw. Schnittpunkte mit der x-Achse bestimmt man, indem man $y = 0$ setzt und die Funktion nach x auflöst.

Beispiele

1. Bestimme den Schnittpunkt mit der x-Achse bei der Funktion g: $y = 0{,}4x - 3$.

Lösung:

$y = 0{,}4x - 3 \quad |y = 0$

$0 = 0{,}4x - 3 \quad |+3$

$3 = 0{,}4x \quad |:0{,}4$

$x = \underline{7{,}5}$

$\Rightarrow \quad \underline{\underline{N(7{,}5|0)}}$

Im Prinzip entspricht das Vorgehen dem, die fehlende Koordinate des Punkts N(x | 0) zu bestimmen.

Siehe auch Kapitel 2.1

2. Bestimme die Nullstellen der Funktion p: $y = x^2 - 2x - 3$.

Lösung:

$y = x^2 - 2x - 3 \quad |y = 0$

$0 = x^2 - 2x - 3$

$x_{1/2} = -\frac{-2}{2} \pm \sqrt{\left(\frac{-2}{2}\right)^2 - (-3)}$

$x_{1/2} = 1 \pm \sqrt{1+3}$

$x_{1/2} = 1 \pm 2$

$x_1 = \underline{\underline{3}}; \; x_2 = \underline{\underline{-1}}$

Bei verschobenen Normalparabeln wird die p-q-Formel benötigt (siehe Kapitel 2.3). Für gestreckte Parabeln reicht das Auflösen nach x und Wurzelziehen.
Es kann eine, zwei oder keine Nullstelle geben.

Siehe auch Kapitel 2.3

Solange nur die Nullstellen gesucht sind, müssen die Schnittpunkte mit der x-Achse nicht bestimmt werden.

Aufstellen einer Funktionsgleichung mithilfe zweier Punkte

Merke

Für das folgende Verfahren muss neben den beiden Punkten auch die Art der Funktion (Gerade, verschobene Normalparabel) gegeben sein, sodass eine Funktionsgleichung mit Parametern aufgestellt werden kann.

- Aufstellen eines linearen Gleichungssystems mithilfe der allgemeinen Funktionsgleichung, in die jeweils die Koordinaten der beiden Punkte eingesetzt werden (wie bei der Punktprüfung)
- Lösen des linearen Gleichungssystems und Einsetzen in die Funktionsgleichung

Tipp

Bei linearen Funktionen ist alternativ die Bestimmung über die Punkt-Steigungs-Formel möglich (siehe Kapitel 3.1).
Bei quadratischen Funktionen ist in speziellen Fällen (y-Werte der Punkte gleich) die Bestimmung über die Symmetrie oder den Satz von Vieta möglich (siehe Kapitel 3.2).

Beispiele

1. Die Punkte P(–3 | 3) und Q(3 | 15) liegen auf der verschobenen Normalparabel p. Bestimme die Funktionsgleichung der Parabel p.

Lösung:

Berechnung von b und c:

$$y = x^2 + bx + c$$

(1) P(–3 | 3):	$3 = (-3)^2 + b \cdot (-3) + c$
(2) Q(3 | 15):	$15 = 3^2 + b \cdot 3 + c$
(1')	$3 = 9 - 3b + c$
(2')	$15 = 9 + 3b + c$

Einsetzen der Punkte P und Q in die Normalform für quadratische Funktionen. Man erhält ein lineares Gleichungssystem mit den Unbekannten b und c.

In diesem Fall bietet es sich an, das Additionsverfahren direkt zu verwenden, da sich 3b und –3b aufheben. Grundsätzlich hätte man noch weiter vereinfachen können, z. B. mit der Umformung |–9.

(1') + (2'): $18 = 18 + 2c \quad |-18$

$2c = 0 \quad |:2$

$c = \underline{0}$

c = 0 in (1'): $3 = 9 - 3b + 0 \quad |-9$

$-6 = -3b \quad |:(-3)$

$b = \underline{2}$

Bestimmung der Funktionsgleichung von Parabel p:

p: $y = x^2 + bx + c \quad | b = 2;\ c = 0$

p: $\underline{\underline{y = x^2 + 2x}}$

2. Die Punkte P(2 | –2) und Q(4 | 1) liegen auf der Parabel q der Form $y = ax^2 + c$. Bestimme die Funktionsgleichung von Parabel q.

Lösung:

Berechnung von a und c:

$$y = ax^2 + c$$

(1) P(2 | –2):	$-2 = a \cdot 2^2 + c$	
(2) Q(4 | 1):	$1 = a \cdot 4^2 + c$	
(1')	$-2 = 4a + c$	$\cdot(-1)$
(2')	$1 = 16a + c$	
(1'')	$2 = -4a - c$	
(2')	$1 = 16a + c$	

Man erhält ein lineares Gleichungssystem mit den Unbekannten a und c.

(1'') + (2'): $3 = 12a \quad |:12$

$a = \underline{0,25}$

a = 0,25 in (2'): $1 = 16 \cdot 0,25 + c$

$1 = 4 + c \quad |-4$

$c = \underline{-3}$

Bestimmung der Funktionsgleichung von Parabel q:

q: $y = ax^2 + c \quad | a = 0,25;\ c = -3$

q: $\underline{\underline{y = 0,25x^2 - 3}}$

Schnittpunkte zweier Funktionen berechnen

Merke

- Gleichsetzen der Funktionsterme
- Berechnung der x-Koordinate(n)
- Einsetzen der x-Koordinate(n) in eine Funktionsgleichung und Berechnung der y-Koordinate(n)

Hinweis: Es kann zwei, einen oder keine Schnittpunkt(e) geben. Zwei Schnittpunkte sind nur möglich, wenn mindestens eine der Funktionen quadratisch ist.

Beispiele

1. Bestimme den Schnittpunkt S der Funktionen g: $y=0{,}4x-3$ und h: $y=-0{,}8x+3$.

   Lösung:

   Bestimmung der Koordinaten des Schnittpunkts S:

   $$g = h$$
   $$0{,}4x-3=-0{,}8x+3 \quad |+3$$
   $$0{,}4x=-0{,}8x+6 \quad |+0{,}8x$$
   $$1{,}2x=6 \quad |:1{,}2$$
   $$x=\underline{5}$$

   $x=5$ in g: $y=0{,}4\cdot 5-3$

   $y=\underline{-1}$

   $\Rightarrow$ $\underline{\underline{S(5\,|-1)}}$

   Skizze:

   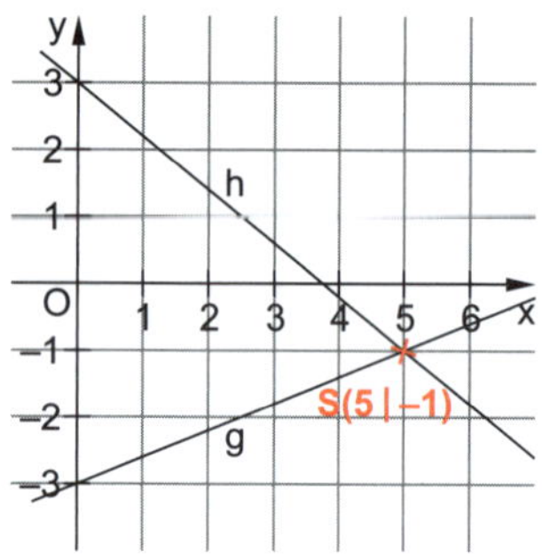

2. Bestimme die Schnittpunkte P und Q der Funktionen g: $y=0{,}5x+1$ und p: $y=-0{,}25x^2+3$.

   Lösung:

   Bestimmung der Koordinaten der Schnittpunkte P und Q:

   $$g = p$$
   $$0{,}5x+1=-0{,}25x^2+3 \quad |+0{,}25x^2 \quad |-3$$
   $$0{,}25x^2+0{,}5x-2=0 \quad |:0{,}25$$
   $$x^2+2x-8=0$$

   Man könnte auch mit $|\cdot 4$ umformen, also mit dem Kehrwert multiplizieren.

   $$x_{1/2}=-\frac{2}{2}\pm\sqrt{\left(\frac{2}{2}\right)^2-(-8)}$$
   $$x_{1/2}=-1\pm\sqrt{1+8}$$
   $$x_{1/2}=-1\pm 3$$
   $$x_1=\underline{2};\quad x_2=\underline{-4}$$

   $x_1=2$ in g: $y_1=0{,}5\cdot 2+1=\underline{2}$

   $x_2=-4$ in g: $y_2=0{,}5\cdot(-4)+1=\underline{-1}$

   Hier nimmt man zum Einsetzen die deutlich einfachere lineare Funktion.

   $\Rightarrow$ $\underline{\underline{P(-4\,|-1)}}$ und $\underline{\underline{Q(2\,|\,2)}}$

   Skizze:

   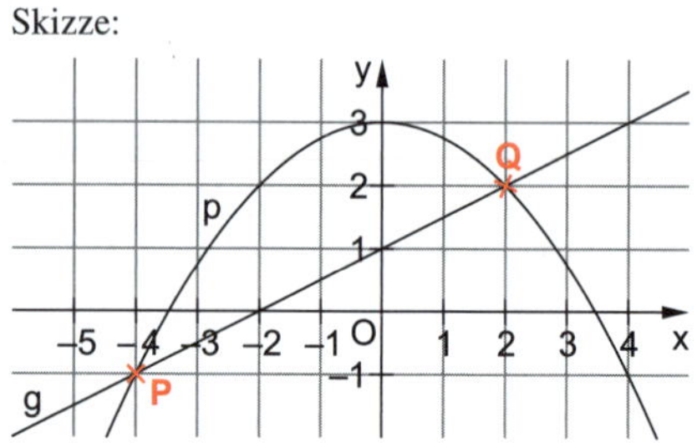

Abstand von zwei Punkten berechnen

Merke

Der Abstand der Punkte $P_1(x_1 \mid y_1)$ und $P_2(x_2 \mid y_2)$ entspricht der Länge der Hypotenuse im rechtwinkligen Dreieck P_1P_2Q mit $Q(x_2 \mid y_1)$:

$d(P_1; P_2) = \sqrt{(x_2 - x_1)^2 + (y_2 - y_1)^2}$ LE

Hinweise:

- Abstände im Koordinatensystem werden in LE (Längeneinheiten) angegeben. Hier darf gerundet werden.
- Haben die Punkte P_1 und P_2 eine gleiche Koordinate, kann man den Abstand natürlich schneller über die Differenz der jeweils anderen Koordinaten bestimmen.

Beispiel

Bestimme den Abstand der Punkte $P_1(-3 \mid 4)$ und $P_2(2 \mid -1)$.

Lösung:

$d(P_1; P_2) = \sqrt{(x_2 - x_1)^2 + (y_2 - y_1)^2}$

$d(P_1; P_2) = \sqrt{(2 - (-3))^2 + (-1 - 4)^2}$

$d(P_1; P_2) = \sqrt{(-5)^2 + 5^2}$

$d(P_1; P_2) = \sqrt{50}$

$d(P_1; P_2) = \underline{\underline{7{,}1 \text{ LE}}}$

Es ist egal, welche Koordinaten man zuerst einsetzt. Durch das Quadrieren wird das eventuelle Vorzeichen aufgehoben. Aufpassen muss man lediglich, dass man x- und y-Koordinaten nicht vermischt.

Skizze:

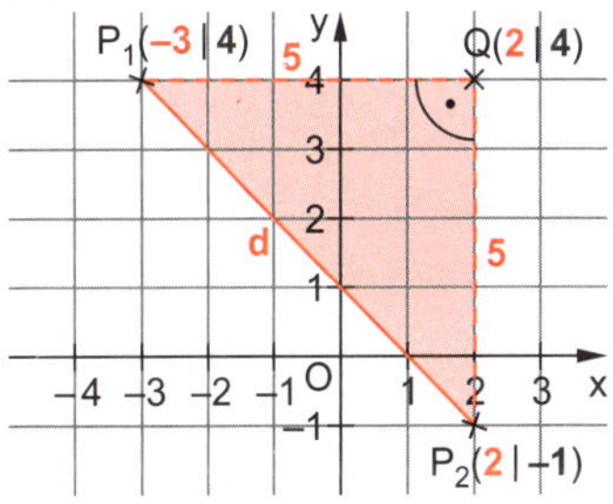

Berechnung von Flächeninhalten oder Umfängen begrenzt von Graphen

Merke

- Eckpunkte und Begrenzungslinien der untersuchten Figur feststellen
- Über die Koordinaten der Eckpunkte – ggf. muss man sie berechnen – fehlende Längen bestimmen und Umfang/Fläche berechnen

Hinweis: Flächeninhalte im Koordinatensystem werden in FE (Flächeneinheiten) angegeben. Hier darf gerundet werden.

Beispiel

Die Funktion h: $y = -0{,}8x + 3$ schließt mit den Koordinatenachsen ein Dreieck ein. Berechne dessen Flächeninhalt.

Lösung:

Das Dreieck hat den Ursprung $O(0 \mid 0)$ und die Schnittpunkte $C(0 \mid c)$ und $N(x_N \mid 0)$ von Gerade h mit der y- bzw. x-Achse als Eckpunkte. Es ist daher rechtwinklig im Ursprung O.

Skizze:

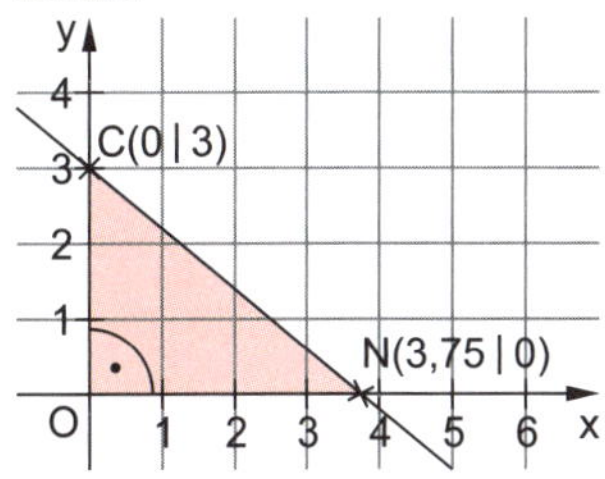

Berechnung der Nullstelle x_N von Gerade h:

$y = -0{,}8x + 3 \quad | \, y = 0$

$0 = -0{,}8x_N + 3 \quad | -3$

$-3 = -0{,}8x_N \quad | : (-0{,}8)$

$x_N = \dfrac{-3}{-0{,}8} = \underline{3{,}75}$

Berechnung des Flächeninhalts des Dreiecks:

$A = \frac{a \cdot b}{2}$

Flächeninhaltsformel für rechtwinklige Dreiecke

$A = \frac{\overline{ON} \cdot \overline{CO}}{2}$ | $\overline{ON} = x_N \text{ LE} = 3,75 \text{ LE}$; $\overline{CO} = c \text{ LE} = 3 \text{ LE}$

$A = \frac{3,75 \cdot 3}{2}$

$A = \frac{11,25}{2}$

$A = 5,625$

$A = \underline{\underline{5,6 \text{ FE}}}$

Bei Abständen und Flächeninhalten darf gerundet werden.

Tipp

Die folgenden Aufgaben bestehen wie die Aufgaben in der Abschlussprüfung aus mehreren Teilen. Bestimme zunächst die Aufgabenteile und ordne sie einem der oben genannten Aufgabentypen zu.

Aufgaben

37 Bestimme die Funktionsgleichung zur abgebildeten Normalparabel p. Bestimme die x-Koordinaten der Parabelpunkte mit y-Koordinate 28.

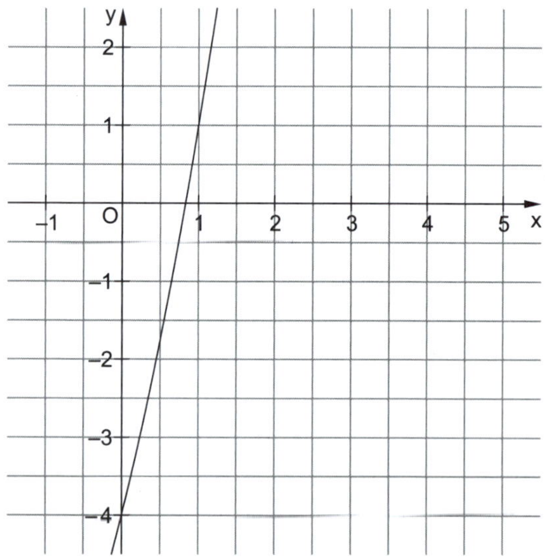

38 Gegeben ist die Parabel p mit der Funktionsgleichung p: $y=(x+0{,}5)^2-6{,}25$.
Überprüfe, ob der Punkt P(4 | 11) auf der Parabel p liegt.
Bestimme außerdem die Schnittpunkte N_1 und N_2 von Parabel p mit der x-Achse.
Parabel p verläuft durch den Punkt $Q(-6 \mid y_Q)$. Punkt Q und die Punkte N_1 und N_2 bilden ein Dreieck N_1N_2Q.
Berechne dessen Flächeninhalt A.

39 Die Gerade g: $y=2x$ schneidet Parabel p_1: $y=x^2+x-6$ in den Punkten T und V.
Bestimme die Koordinaten von T und V sowie deren Abstand.
Durch die Punkte T und V geht eine Parabel p_2 der Form $y=ax^2+c$.
Bestimme die Funktionsgleichung von p_2.

40 Die Parabel p: $y = x^2 - \frac{3}{4}x - \frac{1}{2}$ und die Gerade g: $y = -\frac{3}{4}x + \frac{7}{2}$ schneiden sich in den Punkten A und B. Durch den Ursprung O und die Punkte A bzw. B verlaufen die Geraden g_A und g_B.
Stehen die Geraden g_A und g_B aufeinander senkrecht?

41 Gegeben sind die Parabeln p_1: $y = x^2 + 4x + 1$ und p_2: $y = x^2 - 4x + 9$.
Durch den Schnittpunkt T der beiden Parabeln verläuft eine Gerade g mit der Steigung $m = 2$.

Gib die Gleichung der Geraden g an.

Gerade g schneidet die beiden Parabeln p_1 bzw. p_2 jeweils noch in einem weiteren Punkt P bzw. Q.
Zeige, dass die Strecken $\overline{PT}$ und $\overline{TQ}$ gleich lang sind.

***42** Die Gerade g: $y = \frac{1}{2}x + 4$ schneidet die y-Achse im Punkt C und die Parabel p: $y = x^2 - 8x + 17$ in den Punkten P und R. Zusammen mit dem Ursprung O entstehen zwei Dreiecke OPC und ORC.

Fertige zu diesem Sachverhalt eine Zeichnung.

Berechne die Flächeninhalte der Dreiecke OPC, ORC und OPR.

***43** Die Geraden g_1: $y = \frac{1}{4}x + 2$ und g_2: $y = -\frac{3}{4}x + 6$ schneiden sich im Punkt T und schließen zusammen mit der y-Achse das Dreieck C_1TC_2 ein.

Zeichne die Geraden g_1 und g_2 in ein Koordinatensystem und schraffiere das Dreieck C_1TC_2.

Berechne die Koordinaten von Punkt T und den Flächeninhalt des Dreiecks C_1TC_2.

Ändere einen Parameter in einer der Funktionsgleichungen der Geraden g_1 und g_2 so ab, dass das Dreieck C_1TC_2 rechtwinklig wird.

Ändere den Steigungsfaktor in einer der Funktionsgleichungen der Geraden g_1 und g_2 so ab, dass es kein Dreieck C_1TC_2 gibt.

3.5 Modellieren mit Funktionen

Viele reale Situationen lassen sich mathematisch modellieren. In der Regel sind dabei verschiedene Modellierungen möglich, sodass sich schwer eine pauschale Vorgehensweise angeben lässt.
In den Abschlussprüfungen der letzten Jahre tauchten Modellierungsaufgaben bei idealisierten Ballwürfen oder Berechnungen an Brückenbögen oder -seilen auf, wo parabelförmige Bögen mit Gleichungen der Form $y=ax^2+c$ zu modellieren waren.
(Grundsätzlich könnten in Prüfungsaufgaben auch lineare Funktionen zur Modellierung gefragt sein, etwa um die Höhe des Wasserstands beim Befüllen eines Schwimmbeckens zu beschreiben.)

Merke

Beim Modellieren wird eine reale Situation in ein (vereinfachtes) **mathematisches Modell übertragen** und die innerhalb des Modells errechneten **Ergebnisse** werden **interpretiert**.
Beim Modellieren mit Funktionsgraphen ist der wichtigste Schritt, die Koordinatenachsen so zu legen, dass
- man die Funktion leicht bestimmen kann und
- die berechneten Werte leicht zu interpretieren sind.

Beispiel

Eine Bogenbrücke überspannt einen Fluss mit einem parabelförmigen Bogen als Träger. Der Bogen erreicht dabei eine Spannweite von 40 m. An der höchsten Stelle verläuft der Bogen 5,2 m über der Wasseroberfläche. Mehrere senkrechte Stahlstützen verbinden den Bogen und die Fahrbahn.
Berechne die Länge der Stahlstützen, die von den Bogenenden 5 m entfernt sind.

Skizze Bogenbrücke:

Lösung:
Skizze:

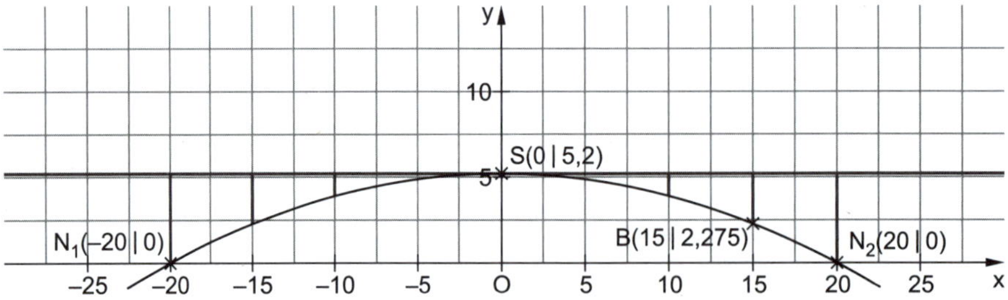

Zunächst bestimmt man die Lage der Koordinatenachsen. Um die Situation mit einer Funktion der Form $y = ax^2 + c$ modellieren zu können, muss die y-Achse durch die Mitte des Bogens und damit durch den Scheitel verlaufen. Die x-Achse kann man entweder auf Höhe der Wasseroberfläche oder auf Fahrbahnhöhe einzeichnen. Beides hat in diesem Fall seine Berechtigung. Die Lösung wird hier mit der x-Achse auf Höhe der Wasseroberfläche durchgeführt.
Anschließend bestimmt man gegebene Punkte. Der Scheitelpunkt liegt bei $S(0\,|\,5{,}2)$. Die Schnittpunkte mit der x-Achse entsprechen den Enden des Bogens, sie liegen 40 m voneinander und damit 20 m vom Scheitel entfernt. Daher sind $N_1(-20\,|\,0)$ und $N_2(20\,|\,0)$ weitere Punkte der Funktion. Zur Bestimmung der Gleichung reicht ein Scheitelpunkt und eine Nullstelle aus.

Bestimmung von c:
Scheitelpunkt $S(0\,|\,5{,}2) \Rightarrow c=5{,}2$

Berechnung von Streckungsfaktor a:

$$y = ax^2 + c \qquad |\, c = 5{,}2$$
$$y = ax^2 + 5{,}2 \qquad |\, N_2(20\,|\,0)$$
$$0 = a \cdot 20^2 + 5{,}2 \qquad |\, -5{,}2$$
$$-5{,}2 = 400a \qquad |\, :400$$
$$a = -\frac{5{,}2}{400}$$
$$a = -\frac{1{,}3}{100} = \underline{-\frac{13}{1\,000}}$$

alternativ: $a = \underline{-0{,}013}$

Allgemein empfiehlt es sich, a als Bruch anzugeben, da der Wert dann exakt ist. Runden sollte man hier maximal auf die 4. Nachkommastelle, da die Ergebnisse sonst zu ungenau werden. Hier hat a als Dezimalzahl tatsächlich exakt 3 Nachkommastellen.

Angabe einer möglichen Funktionsgleichung für den Brückenbogen:

$$y = ax^2 + c$$
$$y = \underline{-0{,}013 \cdot x^2 + 5{,}2}$$

Berechnung der Höhe der Stahlstützen über der Wasseroberfläche:

$$y = -0{,}013 \cdot x^2 + 5{,}2 \qquad |\, x = 15$$
$$y = -0{,}013 \cdot 15^2 + 5{,}2$$
$$y = -0{,}013 \cdot 225 + 5{,}2$$
$$y = -2{,}925 + 5{,}2$$
$$y = \underline{2{,}28\text{ m}}$$

Berechnung der Länge der Stahlstützen:

$$\ell = 5{,}2 - 2{,}28$$
$$\ell = \underline{\underline{2{,}9\text{ m}}}$$

Aufgaben

44 Beim Kirschkernweitspucken kann die Flugkurve von Lenas Kern mit der Funktion $y = -0{,}07x^2 + 2{,}8$ beschrieben werden. Der Kern verließ Lenas Mund 1,5 m über dem Erdboden.
Berechne die Weite, die Lena erzielt hat.

45 Bei einer Hängebrücke sind die senkrechten Pfosten 50 m voneinander entfernt. Die Kette zwischen den Pfosten hat die Form einer Parabel.
Jay misst die Höhe der Kette über der Fahrbahn 10 m und 20 m vom linken Pfosten entfernt. Er misst 5,7 Meter und 2,5 Meter.
Die Fahrbahn verläuft 12 m über dem Wasser.
2 m unter der Pfostenspitze beginnt die Kette.
Wie hoch über der Fahrbahn befindet sich die Kette an ihrer tiefsten Stelle?
Wie hoch ragen die Pfosten aus dem Wasser?

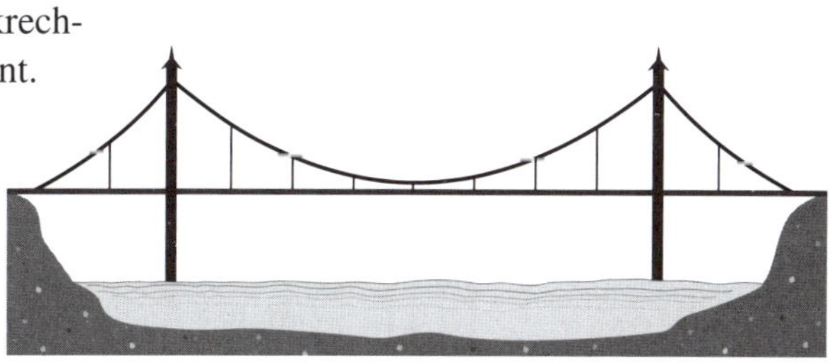

4 Geometrie und Trigonometrie

Bei allen Aufgaben werden folgende Rundungsregeln verwendet:
- Zwischenergebnisse auf 2 Nachkommastellen
- Endergebnisse auf 1 Nachkommastelle
- Winkelgrößen und Prozentangaben immer auf 1 Nachkommastelle

Außerdem werden Strecken in Punkt-zu-Punkt-Schreibweise immer alphabetisch sortiert angegeben, also z. B. $\overline{AC}$ und nicht $\overline{CA}$. Eine Ausnahme bildet der Strahlensatz.

Beachte außerdem:
- Bei Geometrieaufgaben gibt es oft mehrere Berechnungsmöglichkeiten (z. B. Winkelfunktion oder Pythagoras) – je nach Wahl des Weges können Ergebnisse deshalb geringfügig abweichen. Das ist in der Geometrie normal und sollte dich nicht verunsichern.
- Komplexere Umformungen wurden in den Lösungen meist mit dem Ansatz durchgeführt. Es ist aber nicht falsch, bereits vor der Umformung Zahlen einzusetzen. Allerdings solltest du dann innerhalb einer Rechnung möglichst wenig runden, zumindest aber drei Nachkommastellen beibehalten.

4.1 Einheiten und Maßstab

Bei der Umrechnung von Längeneinheiten liegt der Faktor 10 zugrunde, bei Flächeneinheiten der Faktor 100, bei Raumeinheiten der Faktor 1 000.

Merke

Längenmaße

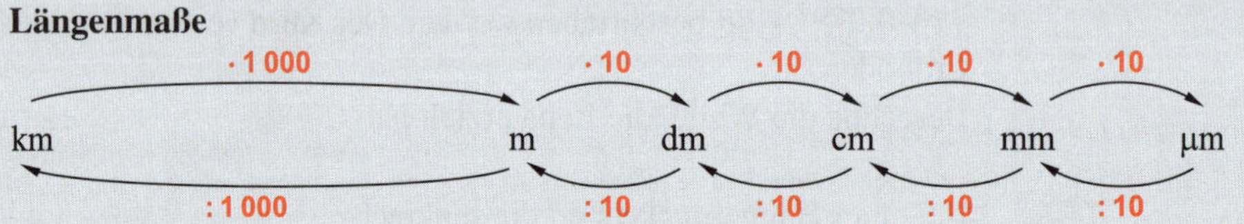

Beispiel

Eine Länge von 1 dm lässt sich unterteilen in 10 cm.
$\Rightarrow$ **1 dm = 10 cm**

Merke

Flächenmaße

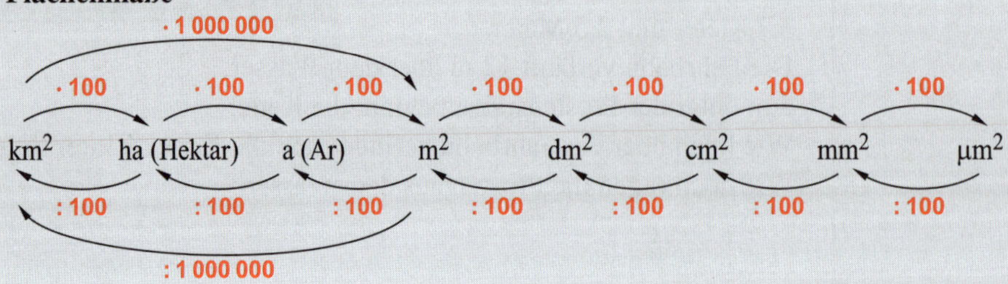

Beispiele

1. In ein Quadrat mit 1 dm^2 Flächeninhalt passen 100 Quadrate von 1 cm^2:
   10 Reihen mit je 10 Quadraten von 1 cm^2.
   $\Rightarrow$ $\mathbf{1\ dm^2} = 10 \cdot 10 \cdot 1\ cm^2 = 10^2\ cm^2 = \mathbf{100\ cm^2}$
2. Eine Fläche wird mit 0,4 m^2 angegeben.
   Rechne um in cm^2.

   Lösung:

   $0{,}4\ m^2 = 0{,}4 \cdot 100 \cdot 100\ cm^2 = \underline{\underline{4\,000\ cm^2}}$

Merke

Raummaße

$km^3 \xrightarrow{\cdot 1\,000\,000\,000} m^3 \xrightarrow{\cdot 1\,000} dm^3/\ell \xrightarrow{\cdot 1\,000} cm^3 \xrightarrow{\cdot 1\,000} mm^3 \xrightarrow{\cdot 1\,000} \mu m^3$

$\mu m^3 \xrightarrow{:1\,000} mm^3 \xrightarrow{:1\,000} cm^3 \xrightarrow{:1\,000} dm^3/\ell \xrightarrow{:1\,000} m^3 \xrightarrow{:1\,000\,000\,000} km^3$

Hinweis: Ein Liter entspricht einem Kubikdezimeter!

Beispiele

1. In einen Würfel mit 1 dm^3 Volumen passen 1 000 Würfel von 1 cm^3:
   10 Reihen mit je 10 Würfel von 1 cm^3 und 10 Schichten übereinander.
   $\Rightarrow$ $\mathbf{1\ dm^3} = 10 \cdot 10 \cdot 10 \cdot 1\ cm^3 = 10^3\ cm^3 = \mathbf{1\,000\ cm^3}$
2. Bei einer Aufgabe erhältst du das Ergebnis $V = 391\,725\ cm^3$.
   Rechne in m^3 um.

   Lösung:

   $$391\,725\ cm^3 = \frac{391\,725}{1\,000}\ dm^3 = \underline{391{,}73\ dm^3}$$

   $$391{,}73\ dm^3 = \frac{391{,}73}{1\,000}\ m^3 = \underline{\underline{0{,}4\ m^3}}$$

   dm^3 und m^3 haben beide ihre Berechtigung. Die Angabe in m^3 ist kurz und gut einzuschätzen, die Angabe in dm^3 ist dafür genauer.
   Auf jeden Fall sollte die Angabe nicht in cm^3 erfolgen.

Merke

Maßstab

Bei Maßstabsangaben erfolgt die Umrechnung zwischen Realität und Darstellung mit dem im Maßstab angegebenen Faktor.
Beim Maßstab 1 : x gilt:

$\text{Darstellung} \xrightarrow{\cdot x} \text{Realität}$

$\text{Realität} \xrightarrow{:x} \text{Darstellung}$

Beispiel

Ekaterina misst auf einer Wanderkarte (Maßstab 1 : 50 000) einen Weg ab. Sie kommt auf 11 cm.
Von welcher tatsächlichen Streckenlänge muss sie ausgehen?

Lösung:

$$\begin{aligned} 11\ cm \cdot 50\,000 &= 550\,000\ cm \\ &= 5\,500\ m \\ &= \underline{\underline{5{,}5\ km}} \end{aligned}$$

Hier wird mit Einheiten gerechnet und direkt von cm auf m mit : 100 umgerechnet. Die Umrechnung wird nicht angegeben, sondern direkt mit der Einheit verdeutlicht.

A: Ekaterina muss von einer tatsächlichen Streckenlänge von 5,5 km ausgehen.

Aufgaben

46 Du erhältst für die Lösung einer Aufgabe $A = 0{,}00004\ m^2$.
Gib den Flächeninhalt in einer geeigneteren Einheit an.

47 Inka hat ein Grundstück mit 0,5 ha, Kurt eines mit 4 240 m^2.
Welches Grundstück ist größer?

48 Havin hat eine Modelleisenbahn H0 (Maßstab 1:87). Sie misst bei den Schienen einen Abstand von 16,5 mm.
Wie groß ist die Spurbreite in der Realität?

4.2 Satz des Pythagoras

Merke

In **rechtwinkligen Dreiecken** bezeichnet man die Seite gegenüber dem rechten Winkel als **Hypotenuse** und die beiden anderen Seiten als **Katheten**.
Die Hypotenuse ist immer die **längste Seite** im rechtwinkligen Dreieck.

Beispiel

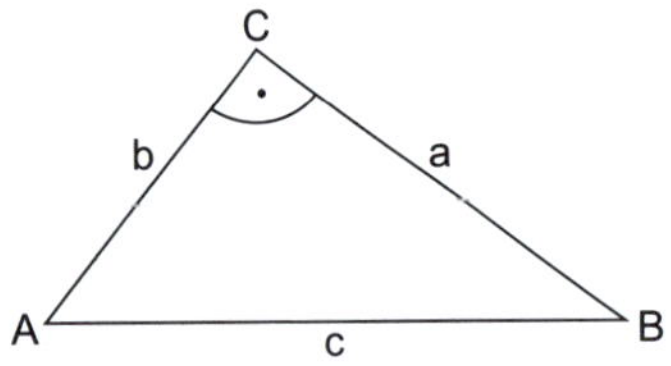

In diesem Dreieck ist c die Hypotenuse, a und b sind die Katheten.

Merke

In allen rechtwinkligen Dreiecken gilt der **Satz des Pythagoras:**
Der Flächeninhalt des Hypotenusenquadrats ist gleich der Summe der Flächeninhalte der Kathetenquadrate. Heißen die Katheten a und b und die Hypotenuse c, so gilt:
$c^2 = a^2 + b^2$
(Es ist vorteilhaft, den Satz des Pythagoras immer mit der Hypotenuse zu beginnen.)

Beispiele

1. Berechne die Strecke w. (Alle Angaben in cm.)

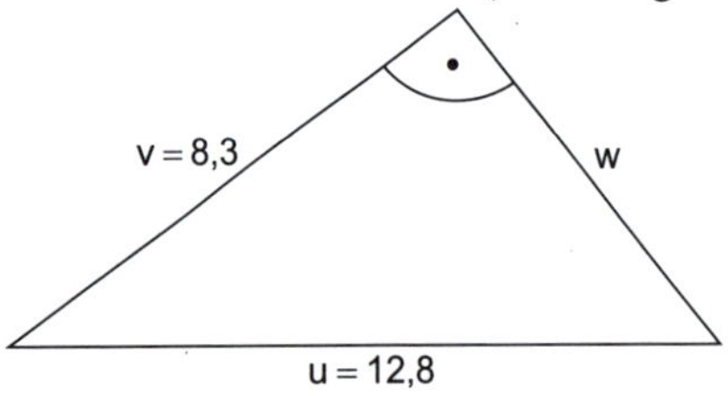

Lösung:

$u^2 = v^2 + w^2 \quad | -v^2$

$w^2 = u^2 - v^2$

$w^2 = 12{,}8^2 - 8{,}3^2 \quad | \sqrt{\ }$

$w = \sqrt{94{,}95}$

$w = \underline{\underline{9{,}7\ cm}}$

Satz des Pythagoras mit den Bezeichnungen der Aufgabe

Endergebnisse werden auf eine Stelle gerundet.

2. Zeichne das Dreieck ABC mit A(1 | 4), B(7 | 2) und C(4 | 7) in ein Koordinatensystem und berechne Umfang und Flächeninhalt.

Lösung:

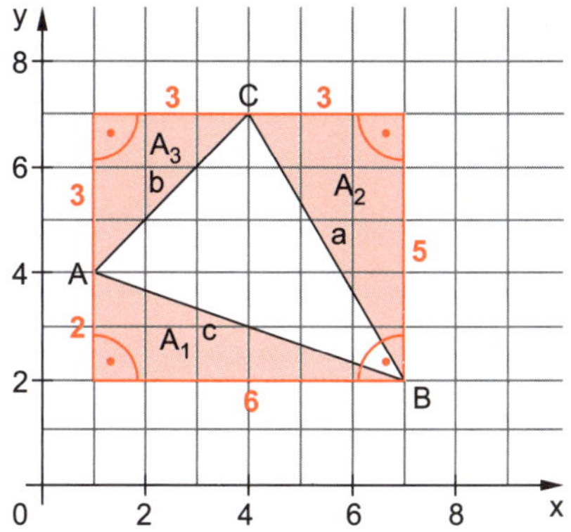

Berechnung der Seiten a, b und c:

$a^2 = (y_C - y_B)^2 + (x_B - x_C)^2$

$a^2 = (7-2)^2 + (7-4)^2$

$a^2 = 5^2 + 3^2 \quad |\sqrt{\ }$

$a = \underline{5{,}83 \text{ LE}}$

Differenz der Koordinaten, sowohl in x-Richtung, als auch in y-Richtung; jeweils eingesetzt in den Satz des Pythagoras

$b^2 = (x_C - x_A)^2 + (y_C - y_A)^2$

$b^2 = (4-1)^2 + (7-4)^2$

$b^2 = 3^2 + 3^2 \quad |\sqrt{\ }$

$b = \underline{4{,}24 \text{ LE}}$

$c^2 = (y_A - y_B)^2 + (x_B - x_A)^2$

$c^2 = (4-2)^2 + (7-1)^2$

$c^2 = 2^2 + 6^2 \quad |\sqrt{\ }$

$c = \underline{6{,}32 \text{ LE}}$

Berechnung des Umfangs u:

$u = a + b + c$

$u = 5{,}83 + 4{,}24 + 6{,}32$

$u = \underline{\underline{16{,}4 \text{ LE}}}$

Berechnung des Flächeninhalts A:

$A = A_R - A_1 - A_2 - A_3$

$A = 6 \cdot 5 - \frac{1}{2} \cdot 2 \cdot 6 - \frac{1}{2} \cdot 5 \cdot 3 - \frac{1}{2} \cdot 3 \cdot 3$

$A = \underline{\underline{12 \text{ FE}}}$

Die Fläche wird indirekt berechnet: Von der Fläche A_R des umgebenden Rechtecks werden die drei rechtwinkligen Dreiecke subtrahiert.

Aufgaben

49 Berechne x. (Alle Angaben in cm)

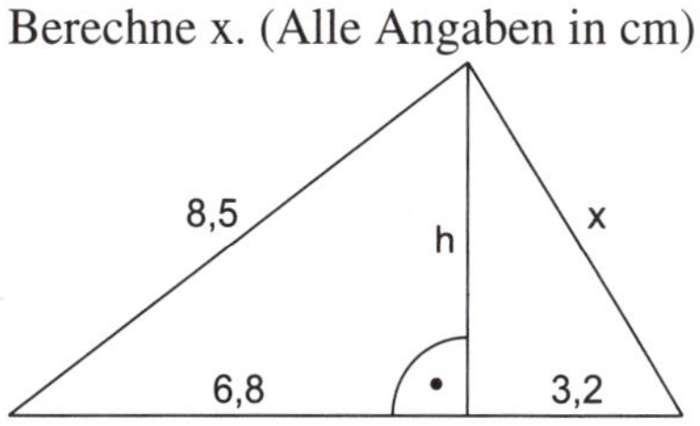

50 Das rechtwinklige Trapez ABCD hat einen Flächeninhalt von $A = 34{,}5\ \text{cm}^2$. Es gilt:
$\overline{AB} \parallel \overline{CD}$
$a = 9{,}6$ cm
$c = 5{,}4$ cm
Berechne den Umfang von Trapez ABCD.

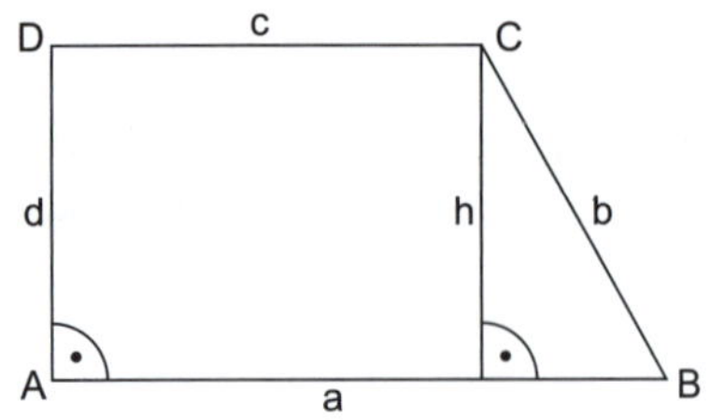

51 Welche(r) Punkt(e) auf der x-Achse sind/ist von $P(1\,|\,-3)$ 5 LE entfernt?

***52** In einem Rechteck ist die Diagonale 20 cm lang. Die beiden Rechteckseiten unterscheiden sich um 4 cm.
Gib ihre Längen an.

4.3 Strahlensatz

Bei einer zentrischen Streckung eines Dreiecks, bei der das Streckzentrum mit einer Ecke zusammenfällt, bilden sich **zwei mögliche Strahlensatzfiguren:**

(1)

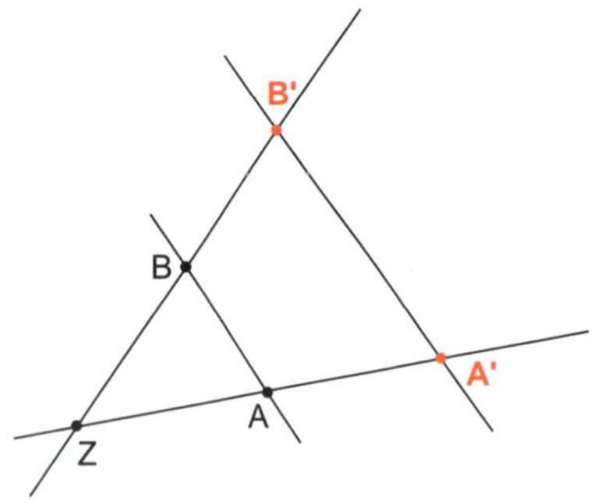

(2)

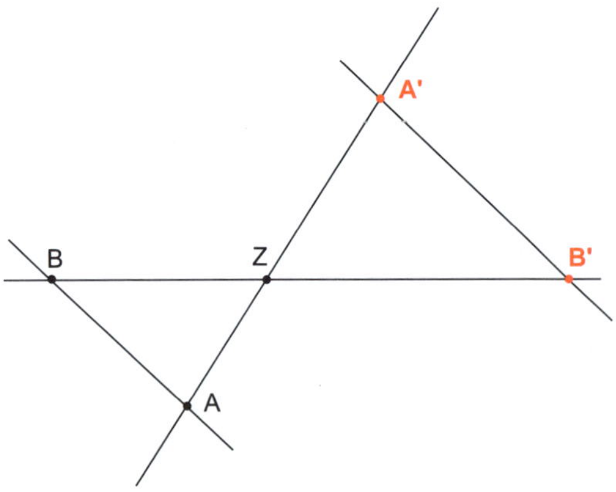

Da in dieser Anordnung für alle Strecken der Streckfaktor k gleich ist, lässt sich der Strahlensatz wie folgt formulieren:

Merke

Strahlensatz
Werden zwei Geraden, die sich im Punkt Z schneiden, von zwei Parallelen geschnitten, von denen keine durch Z geht, so bilden sich zwei Dreiecke. Die Verhältnisse **entsprechender Dreiecksseiten** haben alle den gleichen Wert.
Der **Strahlensatz** lässt sich auch als **Verhältnisgleichung** schreiben:

$$\frac{\overline{ZA}}{\overline{ZA'}} = \frac{\overline{ZB}}{\overline{ZB'}} \quad \text{bzw.} \quad \frac{\overline{ZA}}{\overline{ZA'}} = \frac{\overline{AB}}{\overline{A'B'}} \quad \text{bzw.} \quad \frac{\overline{ZB}}{\overline{ZB'}} = \frac{\overline{AB}}{\overline{A'B'}}$$

Hinweis:
Mit den Strecken $\overline{AA'}$ und $\overline{BB'}$ können keine Verhältnisgleichungen gebildet werden.

Beispiel

Berechne die fehlenden Strecken. (Zeichnung nicht maßstäblich)

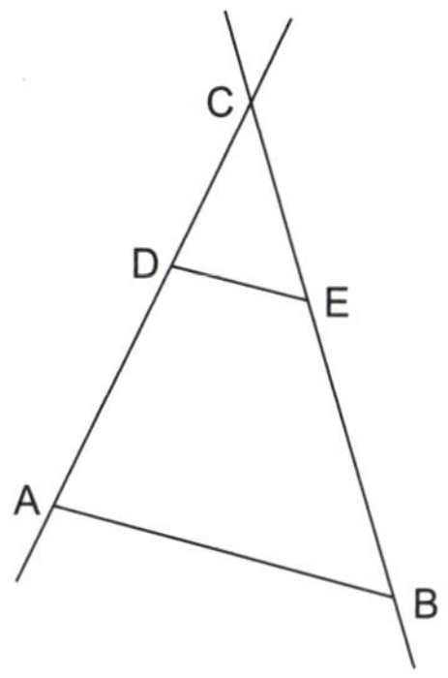

$\overline{AB} \parallel \overline{DE}$

$\overline{AB} = 4{,}8$ cm

$\overline{CD} = 3{,}8$ cm

$\overline{CB} = 6{,}9$ cm

$\overline{CE} = 4{,}6$ cm

Lösung:

Berechnung von $\overline{DE}$:

$$\frac{\overline{DE}}{\overline{AB}} = \frac{\overline{CE}}{\overline{CB}} \qquad | \cdot \overline{AB}$$

$$\overline{DE} = \frac{\overline{CE} \cdot \overline{AB}}{\overline{CB}}$$

$$\overline{DE} = \frac{4{,}6 \cdot 4{,}8}{6{,}9}$$

$$\overline{DE} = \underline{\underline{3{,}2 \text{ cm}}}$$

Das Streckzentrum liegt in C.

Die entsprechende Strecke zu $\overline{DE}$ ist die parallele Strecke $\overline{AB}$. Da eine Strecke des „kleineren“ Dreiecks im ersten Zähler steht, muss auch im zweiten Zähler eine Strecke des „kleineren“ Dreiecks stehen.

Berechnung von $\overline{CA}$:

$$\frac{\overline{CA}}{\overline{CD}} = \frac{\overline{CB}}{\overline{CE}} \qquad | \cdot \overline{CD}$$

$$\overline{CA} = \frac{\overline{CB} \cdot \overline{CD}}{\overline{CE}}$$

$$\overline{CA} = \frac{6{,}9 \cdot 3{,}8}{4{,}6}$$

$$\overline{CA} = \underline{\underline{5{,}7 \text{ cm}}}$$

Die entsprechende Strecke zu $\overline{CA}$ ist die Strecke $\overline{CD}$. Da eine Strecke des „größeren“ Dreiecks im ersten Zähler steht, muss auch im zweiten Zähler eine Strecke des „größeren“ Dreiecks stehen.

Berechnung der Abschnitte $\overline{AD}$ bzw. $\overline{BE}$:

$$\overline{AD} = \overline{CA} - \overline{CD} = 5{,}7 - 3{,}8 = \underline{\underline{1{,}9 \text{ cm}}}$$

$$\overline{BE} = \overline{CB} - \overline{CE} = 6{,}9 - 4{,}6 = \underline{\underline{2{,}3 \text{ cm}}}$$

Am einfachsten errechnet man Abschnitte durch Differenzen.

Aufgaben

53 In der Skizze sind x, y und z parallel – beide Strahlensatzfiguren sind hier in einer Zeichnung vereint.

Welche der angegebenen Verhältnisse geben den Strahlensatz richtig wieder? Kreuze die richtigen an.

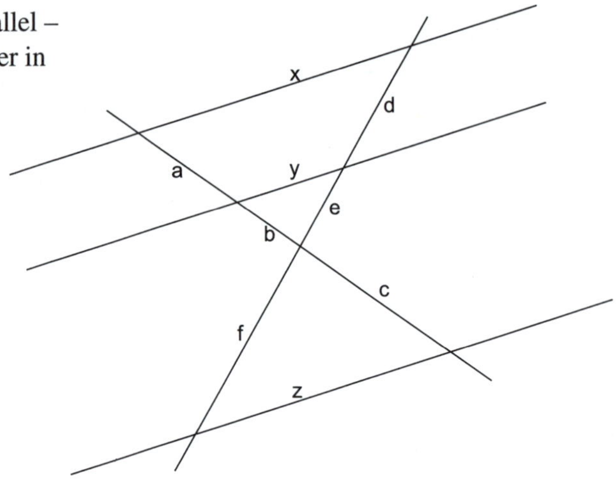

☐ $\frac{a+b}{b}=\frac{d}{e}$	☐ $\frac{b}{c}=\frac{e}{f}$	☐ $\frac{x}{y}=\frac{a}{b}$
☐ $\frac{y}{x}=\frac{e}{d+e}$	☐ $\frac{f}{e+d}=\frac{c}{a+b}$	☐ $\frac{z}{x}=\frac{f}{e}$
☐ $\frac{z}{x}=\frac{c}{a+b}$	☐ $\frac{a}{b}=\frac{d}{e}$	☐ $\frac{y}{z}=\frac{c}{b}$

54 Berechne x und y.

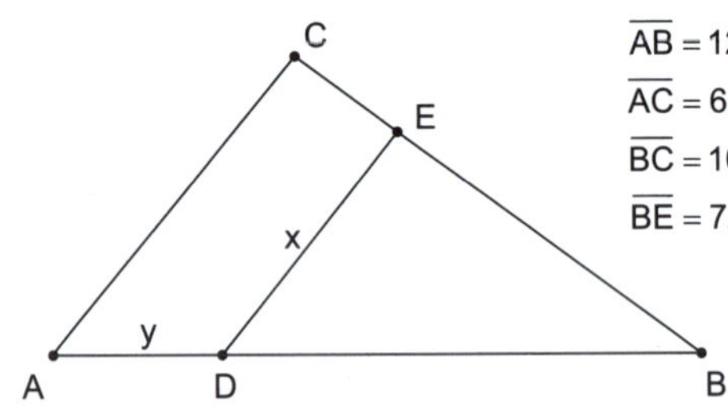

$\overline{AB} = 12{,}6$ cm
$\overline{AC} = 6{,}9$ cm
$\overline{BC} = 10{,}8$ cm
$\overline{BE} = 7{,}2$ cm

***55** In das Dreieck ABC wird ein Trapez DEFG so eingezeichnet, dass $\overline{DE}$ parallel zu $\overline{AB}$, $\overline{DG}$ parallel zu $\overline{AC}$ und $\overline{EF}$ parallel zu $\overline{BC}$ verläuft.
Berechne die Länge von $\overline{FG}$.

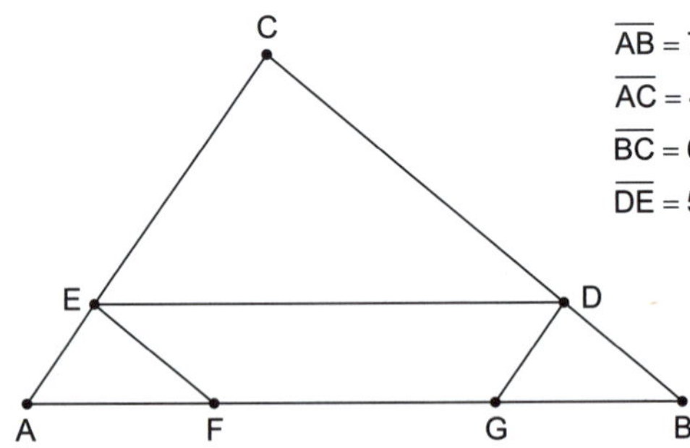

$\overline{AB} = 7{,}7$ cm
$\overline{AC} = 4{,}9$ cm
$\overline{BC} = 6{,}3$ cm
$\overline{DE} = 5{,}5$ cm

4.4 Winkelfunktionen

In **rechtwinkligen Dreiecken** verwenden wir folgende Bezeichnungen:

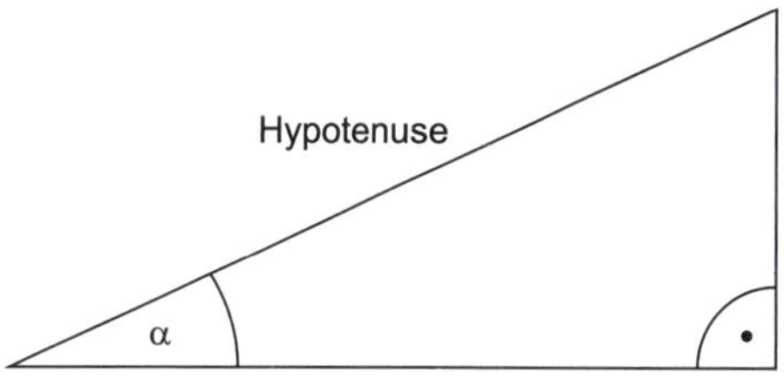

Alle rechtwinkligen Dreiecke mit dem gleich großen Winkel α haben dieselbe Form, aber unterschiedliche Größe. Man bezeichnet sie als zueinander **ähnlich**. Bei ähnlichen Figuren sind die Verhältnisse entsprechender Strecken gleich, daher hängen die Streckenverhältnisse im rechtwinkligen Dreieck nur von der Größe eines Winkels ab.

Merke

Den möglichen Streckenverhältnissen gibt man folgende Namen:

$$\sin\alpha = \frac{\text{Gegenkathete von }\alpha}{\text{Hypotenuse}}$$ **Sinus**

$$\cos\alpha = \frac{\text{Ankathete von }\alpha}{\text{Hypotenuse}}$$ **Kosinus**

$$\tan\alpha = \frac{\text{Gegenkathete von }\alpha}{\text{Ankathete von }\alpha}$$ **Tangens**

Für jeden Winkel sind diese Werte reelle Zahlen, die wir am Taschenrechner ablesen können.

Beispiele

1. $\sin 34° \approx 0{,}56$
2. $\tan 65{,}2° \approx 2{,}16$

Merke

Umgekehrt liefert uns der Taschenrechner bei einem bekannten Verhältnis auch den dazugehörigen Winkel. (Benutze die Tasten $\sin^{-1}$, $\cos^{-1}$ und $\tan^{-1}$.)

Beispiele

1. $\sin\alpha = 0{,}43 \;\Rightarrow\; \alpha \approx 25{,}5°$
2. $\cos\beta = 0{,}82 \;\Rightarrow\; \beta \approx 34{,}9°$

Merke

Mit diesen drei trigonometrischen Funktionen lassen sich, zusammen mit dem Satz des Pythagoras, alle Strecken und Winkel in einem rechtwinkligen Dreieck berechnen, falls zwei Größen, davon mindestens eine Seite, bekannt sind.

Beispiele

1. In einem rechtwinkligen Dreieck sind die beiden Katheten $a = 4{,}8$ cm und $b = 3{,}7$ cm lang.
   Berechne die Hypotenuse und die Winkel.

   Lösung:
   Skizze:

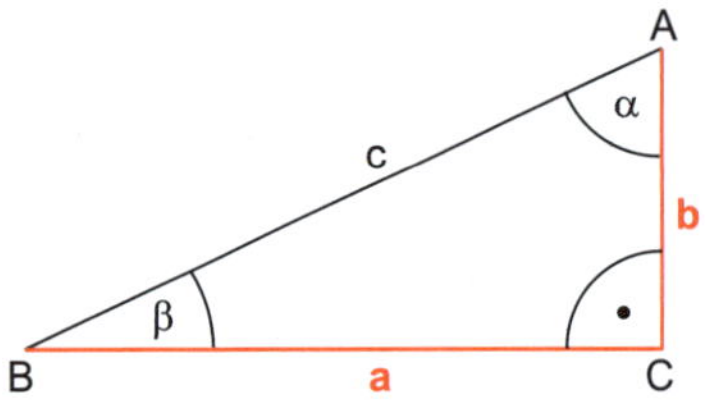

Jede Lösung wird von einer Skizze begleitet. Man bezeichnet dabei alle Größen mit vernünftig gewählten Bezeichnungen.

Berechnung von c:

$c^2 = a^2 + b^2$

$c^2 = 4{,}8^2 + 3{,}7^2 \quad |\sqrt{\ }$

$c = 6{,}06$

$c = \underline{\underline{6{,}1\text{ cm}}}$

Schreibe die Formeln immer zuerst mit den Bezeichnungen der jeweiligen Aufgabe bzw. Skizze und forme ggf. noch um. Dann erst setzt man die Zahlen ein und berechnet die Lösung. Dabei ist meist zu runden.

Berechnung von β:

$\tan\beta = \frac{b}{a}$

$\tan\beta = \frac{3{,}7}{4{,}8}$

$\beta = \underline{\underline{37{,}6°}}$

Berechnung von α:

$\alpha = 180° - 90° - \beta$

$\alpha = 180° - 90° - 37{,}6°$

$\alpha = \underline{\underline{52{,}4°}}$

Berechnung über die Winkelsumme. Eine andere Möglichkeit wäre, α über die trigonometrischen Funktionen zu berechnen.

2. In einem rechtwinkligen Dreieck beträgt die Kathetenlänge $a = 5{,}9$ cm und der Winkel $\beta = 41{,}6°$.
   Berechne die beiden anderen Dreiecksseiten und die Höhe.

   Lösung:
   Skizze:

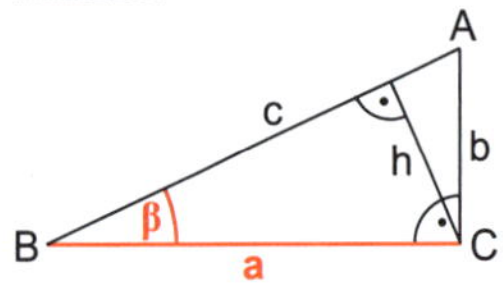

In rechtwinkligen Dreiecken ist nur diese Höhe sinnvoll (und gemeint), denn die beiden anderen Höhen fallen jeweils auf eine Kathete.

Berechnung von c:

Es könnte auch mit b begonnen werden.

$\cos\beta = \frac{a}{c} \quad |\cdot c$

$a = c \cdot \cos\beta \quad |:\cos\beta$

Schrittweise Umformen nach c

$c = \frac{a}{\cos\beta}$

$c = \frac{5{,}9}{\cos 41{,}6°}$

$c = 7{,}89$

$c = \underline{\underline{7{,}9\text{ cm}}}$

Berechnung von b:

$$\tan\beta = \frac{b}{a} \qquad |\cdot a$$
$$b = a \cdot \tan\beta$$
$$b = 5{,}9 \cdot \tan 41{,}6°$$
$$b = 5{,}24$$
$$\underline{\underline{b = 5{,}2\text{ cm}}}$$

Es könnten auch der Satz des Pythagoras oder sin β verwendet werden (da c bereits errechnet wurde).

Berechnung von h:

$$\sin\beta = \frac{h}{a} \qquad |\cdot a$$
$$h = a \cdot \sin\beta$$
$$h = 5{,}9 \cdot \sin 41{,}6°$$
$$h = 3{,}92$$
$$\underline{\underline{h = 3{,}9\text{ cm}}}$$

Gerechnet wird jetzt in einem rechtwinkligen Teildreieck. Dort ist a die Hypotenuse und h eine Gegenkathete (c kommt nicht als Seite vor!).

Aufgaben

56 Beschrifte das Dreieck vollständig und korrekt. Gib $\cos\alpha$ und $\tan\beta$ mit Seiten (z. B. a) und Streckenbezeichnungen (z. B. $\overline{BC}$) an. Berechne alle weiteren Größen im Dreieck für $\alpha = 39{,}4°$, $\overline{BC} = 4{,}2$ cm.

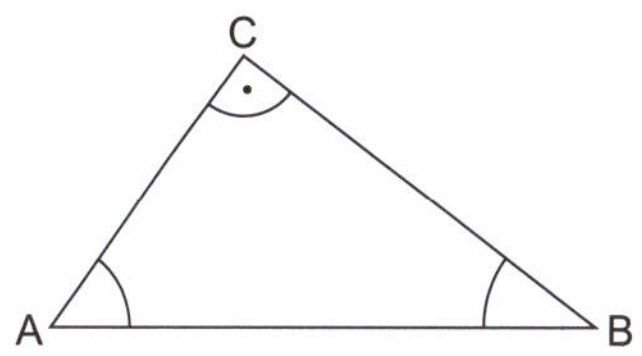

57 Vervollständige die Lücken.

$\sin\delta = \frac{\square}{\square}$

$\square = \frac{\overline{FD}}{\overline{EF}}$

$\cos\square = \frac{\overline{FD}}{\square}$

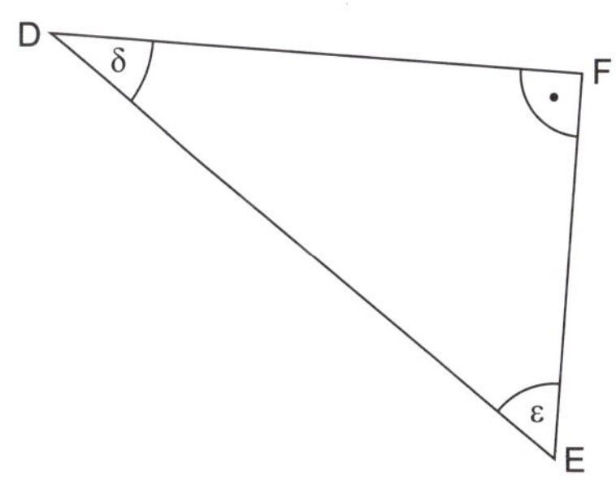

58 Berechne die beiden spitzen Winkel für $\overline{BC} = 10{,}0$ cm; $\overline{BD} = 6{,}6$ cm.

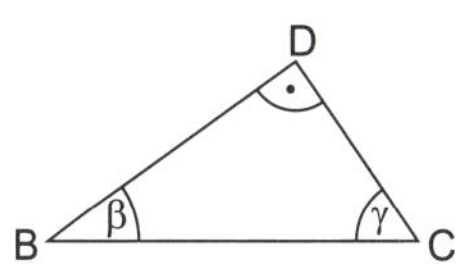

***59** Bekannt sind die Strecke $\overline{AB} = 2{,}8$ cm und der Flächeninhalt des Teildreiecks ABC $A_1 = 8{,}4\text{ cm}^2$. Der Winkel α_2 ist 15° kleiner als α_1 und der Winkel α_3 halb so groß wie α_2. Berechne den Umfang des Fünfeckes ABCDE.

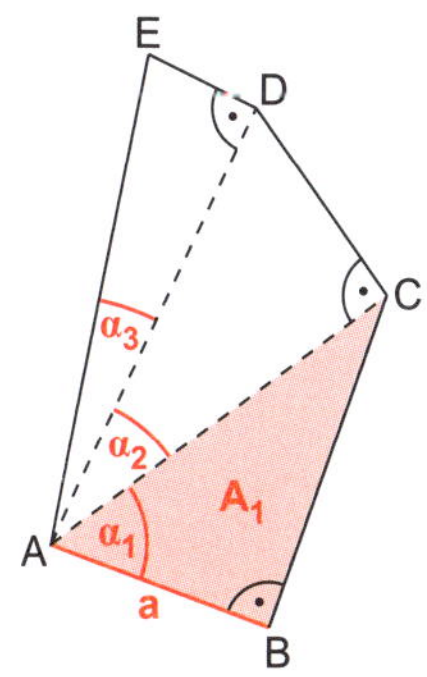

4.5 Geometrieaufgaben lösen

Merke

Das **Grundlösungsprinzip** aller Aufgaben in der Trigonometrie ist das Auffinden oder Erzeugen von rechtwinkligen Dreiecken (durch Einzeichnen von Hilfslinien) sowie das Übertragen von gemeinsamen Strecken und Winkelzusammenhängen.

Hinweis: In komplexeren oder zusammengesetzten Figuren wird für Strecken meist – in der Abschlussprüfung immer – die Punkt-zu-Punkt-Schreibweise benutzt. Dies beugt Verwechslungen und unübersichtlichen Zuordnungen vor. Wenn Hilfslinien nötig sind, werden neu entstehende Punkte sinnvoll oder in alphabetischer Reihenfolge benannt.

Beispiel

Bekannt sind die Strecken $\overline{AB} = 8{,}1\text{ cm}$ und $\overline{BD} = 7{,}6\text{ cm}$ sowie der Winkel $\alpha = 36{,}4°$.
Berechne den Flächeninhalt des Vierecks CDEF.

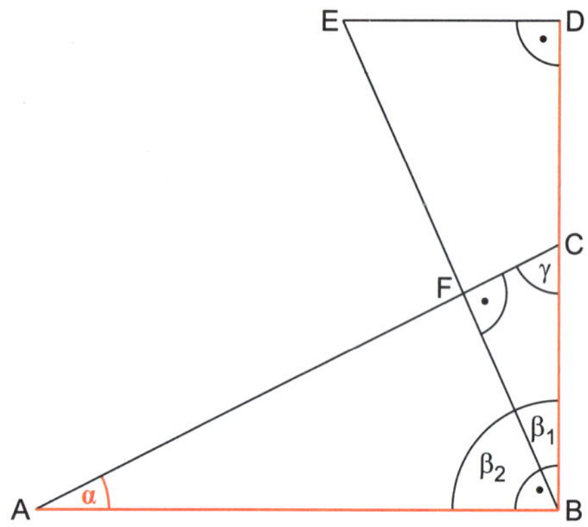

Lösung:
Berechnung von $\overline{BC}$:

$$\tan\alpha = \frac{\overline{BC}}{\overline{AB}} \quad | \cdot \overline{AB}$$

Betrachtet wird Dreieck ABC.

$$\overline{BC} = \overline{AB} \cdot \tan\alpha$$
$$\overline{BC} = 8{,}1 \cdot \tan 36{,}4°$$
$$\overline{BC} = \underline{5{,}97\text{ cm}}$$

Auf 2 Stellen gerundet

Berechnung von Winkel γ:
$$\gamma = 180° - 90° - \alpha$$
$$\gamma = 90° - 36{,}4°$$
$$\gamma = \underline{53{,}6°}$$

Berechnung von Winkel β_1:
$$\beta_1 = 180° - 90° - \gamma$$
$$\beta_1 = 90° - 53{,}6°$$
$$\beta_1 = \underline{36{,}4°}$$

Berechnung von $\overline{BF}$:

$$\cos\beta_1 = \frac{\overline{BF}}{\overline{BC}} \quad | \cdot \overline{BC}$$

Betrachtet wird Dreieck BCF.

$$\overline{BF} = \overline{BC} \cdot \cos\beta_1$$
$$\overline{BF} = 5{,}97 \cdot \cos 36{,}4°$$
$$\overline{BF} = \underline{4{,}81\text{ cm}}$$

Auf 2 Stellen gerundet

Berechnung von $\overline{CF}$:

$$\sin\beta_1 = \frac{\overline{CF}}{\overline{BC}} \quad |\cdot \overline{BC}$$

Betrachtet wird Dreieck BCF.

$$\overline{CF} = \overline{BC}\cdot\sin\beta_1$$
$$\overline{CF} = 5{,}97\cdot\sin 36{,}4°$$
$$\overline{CF} = \underline{3{,}54\ \text{cm}}$$

Auf 2 Stellen gerundet

Berechnung von $\overline{DE}$:

$$\tan\beta_1 = \frac{\overline{DE}}{\overline{BD}} \quad |\cdot \overline{BD}$$

Betrachtet wird Dreieck BDE.

$$\overline{DE} = \overline{BD}\cdot\tan\beta_1$$
$$\overline{DE} = 7{,}6\cdot\tan 36{,}4°$$
$$\overline{DE} = \underline{5{,}60\ \text{cm}}$$

Auf 2 Stellen gerundet

Berechnung von A_{CDEF}:

$$A_{CDEF} = A_{BDE} - A_{BCF}$$
$$A_{CDEF} = \frac{1}{2}\overline{BD}\cdot\overline{DE} - \frac{1}{2}\overline{CF}\cdot\overline{BF}$$
$$A_{CDEF} = \frac{1}{2}\cdot 7{,}6\cdot 5{,}60 - \frac{1}{2}\cdot 3{,}54\cdot 4{,}81$$
$$A_{CDEF} = \underline{\underline{12{,}8\ \text{cm}^2}}$$

Der Flächeninhalt wird indirekt berechnet, durch Subtraktion der Flächeninhalte der rechtwinkligen Dreiecke BDE und BCF.

Als Endergebnis auf 1 Stelle gerundet

Aufgaben

60 In einem rechtwinkligen Dreieck sind $\overline{AB} = 8{,}4$ cm und $\alpha = 36{,}4°$ bekannt. M ist der Mittelpunkt der Strecke $\overline{AC}$. Berechne die Länge der Strecke $\overline{BM}$.

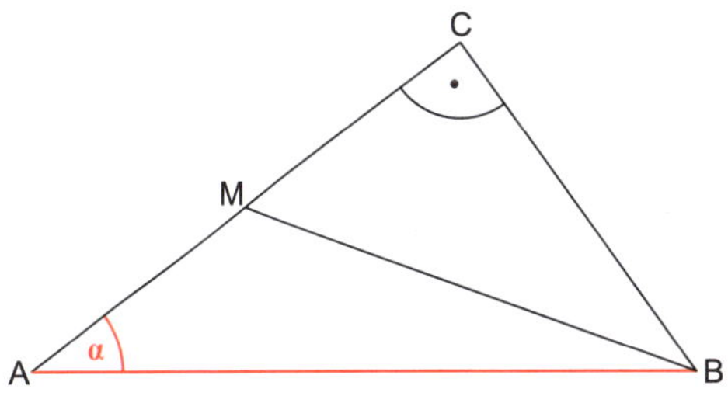

61 Bekannt sind die Strecken $\overline{BC} = 7{,}4$ cm und $\overline{AC} = 3{,}9$ cm. Der Punkt M ist der Mittelpunkt der Strecke $\overline{BC}$; die Strecke $\overline{AW}$ halbiert den Winkel α. Berechne den Umfang des Teildreiecks AMW.

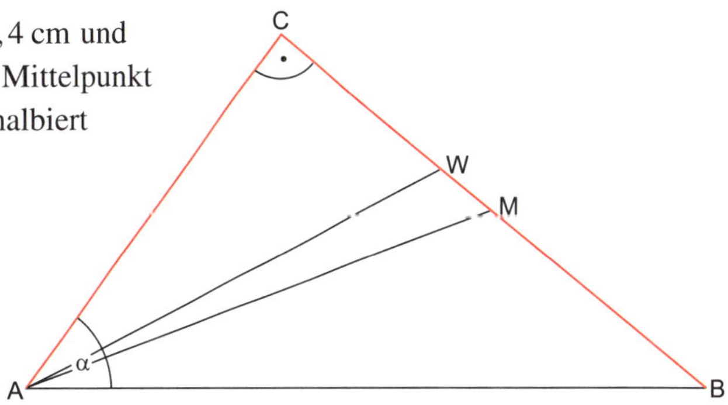

In den Skizzen der vorhergehenden drei Aufgaben sind die gegebenen Seiten und Winkel rot eingefärbt. In den Skizzen der unten stehenden Aufgaben kannst du diese Methode der Arbeitserleichterung üben und die Hervorhebungen selbst vornehmen.

62 Das Dreieck ABC und das Dreieck AEC überdecken sich teilweise.
Es gilt:
$\overline{AC} = \overline{BC} = 4{,}5\,\text{cm}$
$\gamma = 72{,}4°$
M ist der Mittelpunkt der Strecke $\overline{AB}$.
Berechne die Länge der Strecke $\overline{AE}$.

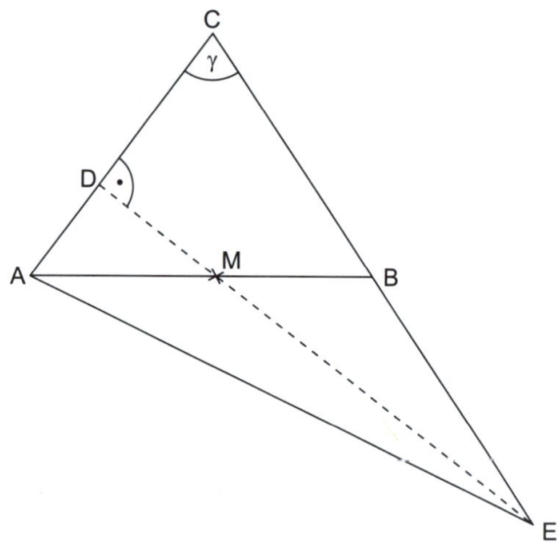

***63** Das Viereck ABCD enthält das rechtwinklige Teildreieck BCE mit Flächeninhalt $A_{BCE} = 3{,}4\,\text{cm}^2$. Es gilt:
$\overline{AB} = 4{,}6\,\text{cm}$
$\overline{AD} = 5{,}7\,\text{cm}$
$\alpha = 151{,}0°$
$\delta = 48{,}0°$
Berechne den Umfang des Vierecks ABCD.

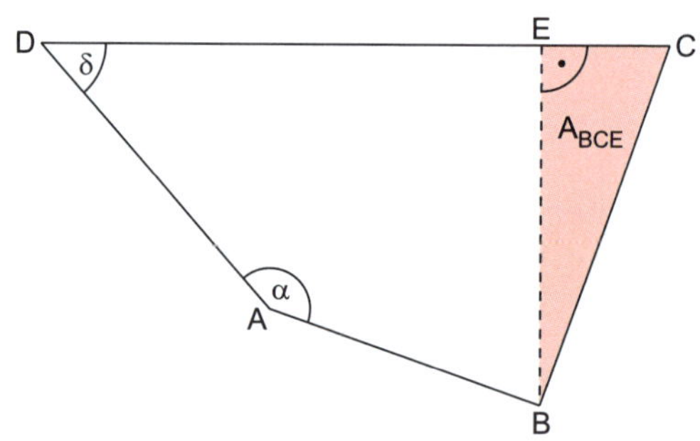

***64** Das Viereck ABCD hat einen rechten Winkel bei Punkt D. Es gilt:
$\overline{AB} = 7{,}8\,\text{cm}$
$\overline{BC} = 3{,}1\,\text{cm}$
$\alpha = 51{,}8°$
$\beta = 132{,}6°$
Berechne den Abstand des Punkts D von $\overline{AB}$.

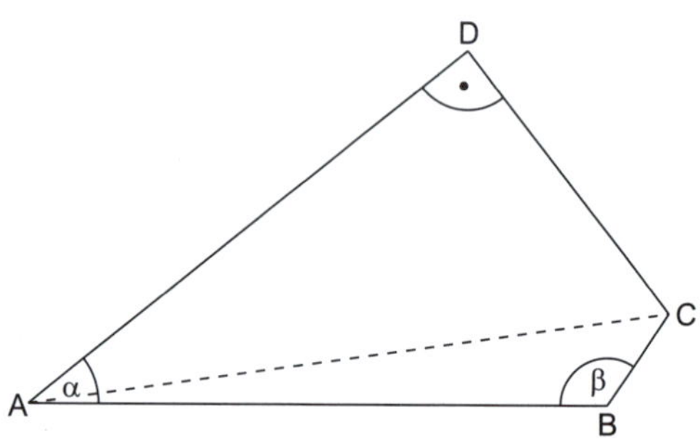

4.6 Flächen

Bei Trigonometrieaufgaben wird häufig der Einsatz einer Formel für den Flächeninhalt oder den Umfang verlangt. In der Stereometrie muss die Grundfläche eines Körpers berechnet werden können. Darüber hinaus sind die Kenntnis der Flächenarten sowie deren Eigenschaften relevant und für die Lösung von Trigonometrieaufgaben notwendig.

Bei Flächen gelten allgemein folgende Grundbezeichnungen. Punkte, Seiten und Winkel werden in der Regel gegen den Uhrzeigersinn beschriftet:

- a, b, c: Seite(n)
- h, h_a: Höhe, Höhe auf die Seite a
- u: Umfang
- A: Flächeninhalt

Dreiecke

Die Winkelsumme in Dreiecken beträgt $W = 180°$ ($\alpha + \beta + \gamma = 180°$). Gegenüberliegende Seiten und Punkte werden mit dem gleichen Buchstaben (in klein und groß) benannt. Damit ein (allgemeines) Dreieck eindeutig bestimmt ist, sind drei Angaben erforderlich. Alle Seiten (SSS), zwei Seiten und der dazwischenliegende Winkel (SWS), eine Seite und die anliegenden Winkel (WSW) oder zwei Seiten und der Winkel, der der größeren Seite gegenüberliegt (SsW).

Merke

- **Allgemeines Dreieck:**

  Umfang:
  $u = a + b + c$

  Flächeninhalt:
  $A = \frac{1}{2} a h_a$ oder: $A = \frac{1}{2} \cdot a \cdot b \cdot \sin\gamma$
  $A = \frac{1}{2} b h_b$ oder: $A = \frac{1}{2} \cdot b \cdot c \cdot \sin\alpha$
  $A = \frac{1}{2} c h_c$ oder: $A = \frac{1}{2} \cdot a \cdot c \cdot \sin\beta$

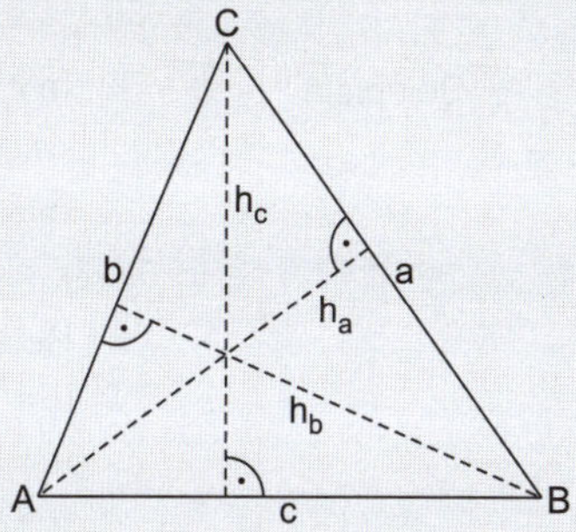

- **Rechtwinkliges Dreieck:**
  - ein Winkel gleich 90° (rechter Winkel)
  - Katheten sind zugleich Höhen
  - Satz des Pythagoras anwendbar ($c^2 = a^2 + b^2$)

  Umfang:
  $u = a + b + c$

  Flächeninhalt:
  $A = \frac{1}{2} ab$

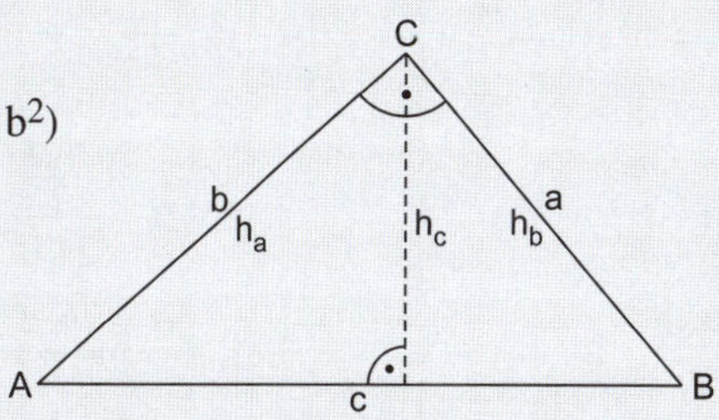

- **Gleichschenkliges Dreieck:**
  - zwei Seiten (Schenkel) gleich lang
  - zwei Winkel gleich groß (Basiswinkel)
  - Höhe auf die Basis ist zugleich Seiten- und Winkelhalbierende

Umfang:
$u = 2a + c$

Flächeninhalt:
$A = \frac{1}{2} a h_a$

$A = \frac{1}{2} c h_c$

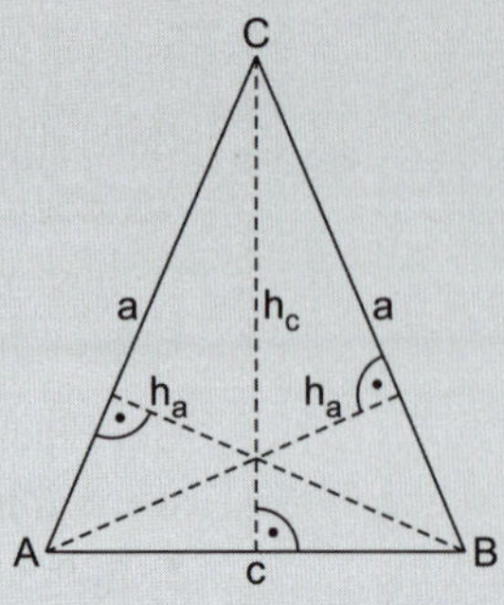

- **Gleichseitiges Dreieck:**
  - alle Seiten gleich lang
  - alle drei Winkel gleich 60°
  - Höhen sind zugleich Seiten- und Winkelhalbierende
  - für die Höhe gilt: $h = \frac{a}{2}\sqrt{3}$

Umfang:
$u = 3a$

Flächeninhalt:
$A = \frac{1}{2} a h$

$A = \frac{a^2}{4}\sqrt{3}$

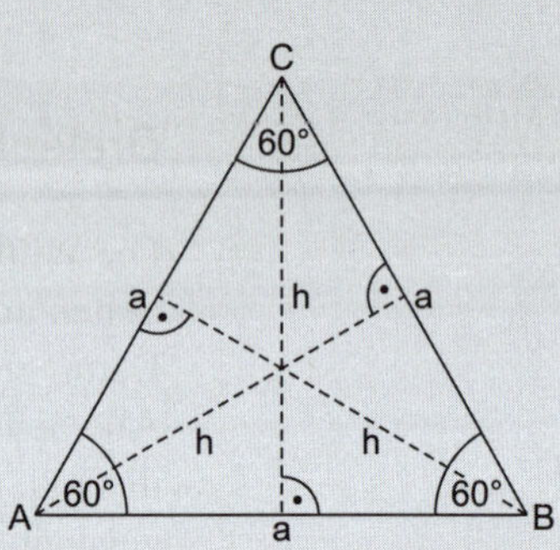

Beispiele

1. In einem gleichschenkligen Dreieck ABC misst die Basis c = 10,0 cm, die Schenkel sind a = 21,0 cm lang.
   Bestimme den Umfang des Dreiecks ABC und das Maß der Winkel an der Basis.

   Lösung:

   Berechnung des Umfangs:

   $u = 2a + c$

   $u = 2 \cdot 21{,}0\,\text{cm} + 10{,}0\,\text{cm}$

   $u = \underline{\underline{52{,}0\,\text{cm}}}$

   Berechnung des Basiswinkelmaßes:

   $\cos\alpha = \frac{\frac{c}{2}}{a}$

   Im gleichschenkligen Dreieck halbiert die Höhe die Grundseite. Somit kann man in den Teildreiecken mit den Angaben rechnen.

   $\cos\alpha = \frac{\frac{10{,}0}{2}}{21{,}0}$

   $\alpha = \underline{\underline{76{,}2°}}$

2. In einem rechtwinkligen Dreieck ABC ist a = 4,3 cm und b = 6,5 cm.
Bestimme die Höhe eines flächengleichen gleichseitigen Dreiecks DEF.

Lösung:

Hier muss zunächst der Flächeninhalt des rechtwinkligen Dreiecks ABC bestimmt werden. Anschließend kann man mit der Flächeninhaltsformel für das gleichseitige Dreieck DEF dessen Seitenlänge bestimmen. Letztlich nutzt man die Höhenformel für das gleichseitige Dreieck, um die Höhe zu bestimmen.

Berechnung des Flächeninhalts von Dreieck ABC:

$$A_{ABC} = \frac{1}{2}ab$$

$$A_{ABC} = \frac{1}{2} \cdot 4{,}3 \cdot 6{,}5$$

$$A_{ABC} = \underline{\underline{13{,}98\ \text{cm}^2}}$$

Berechnung der Seitenlänge d von Dreieck DEF:

$$A_{DEF} = \frac{d^2}{4}\sqrt{3} \qquad \left|\cdot \frac{4}{\sqrt{3}}\right.$$

$$A_{DEF} \cdot \frac{4}{\sqrt{3}} = d^2 \qquad |\sqrt{}$$

$$d = \sqrt{A_{DEF} \cdot \frac{4}{\sqrt{3}}} \qquad |\,A_{DEF} = A_{ABC} = 13{,}98$$

$$d = \sqrt{13{,}98 \cdot \frac{4}{\sqrt{3}}}$$

$$d = \underline{5{,}68\ \text{cm}}$$

Berechnung der Höhe von Dreieck DEF:

$$h = \frac{d}{2}\sqrt{3}$$

$$h = \frac{5{,}68}{2}\sqrt{3}$$

$$h = \underline{\underline{4{,}9\ \text{cm}}}$$

Berechnet man mit dieser Höhe den Flächeninhalt von Dreieck DEF und vergleicht ihn mit dem von Dreieck ABC, so sind sie nicht identisch. Der Grund dafür sind die Rundungen. (Es wurde zweimal hintereinander korrekt abgerundet.) Das Vorgehen ist dennoch korrekt.

Aufgaben

65 Ein gleichseitiges Dreieck ABC hat einen Umfang von u = 14,7 cm.
Berechne seinen Flächeninhalt.

66 Ein gleichseitiges Dreieck ABC hat einen Flächeninhalt von A = 22,5 cm².
Berechne seinen Umfang.

67 Gegeben ist das Dreieck ABC.
Es gilt:
$\overline{AB} = 4{,}0$ cm
$\overline{BC} = 3{,}0$ cm
$\gamma = 31°$
Bestimme Umfang und Flächeninhalt von Dreieck ABC.

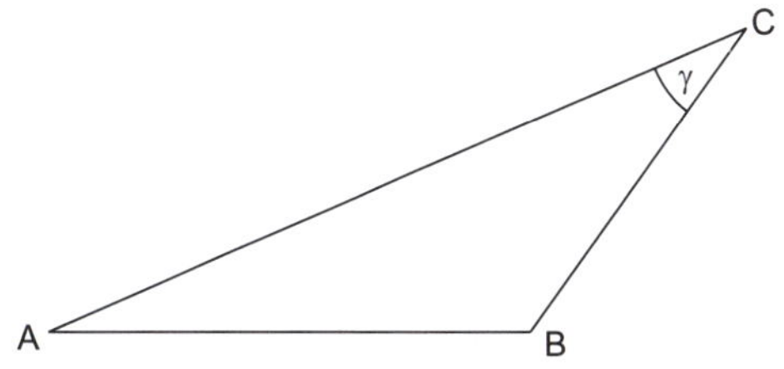

Vierecke

Die Winkelsumme in Vierecken beträgt 360° ($\alpha+\beta+\gamma+\delta=360°$).
Die Seiten werden im Uhrzeigersinn nach dem vorhergehenden Eckbuchstaben benannt, wobei gleich lange Seiten gleich benannt werden.

Merke

- **Quadrat:**
  - alle Innenwinkel gleich 90°
  - alle vier Seiten gleich lang
  - gegenüberliegende Seiten parallel
  - Diagonalen gleich lang ($d = a\sqrt{2}$)

  Umfang:
  $u = 4a$

  Flächeninhalt:
  $A = a \cdot a = a^2$

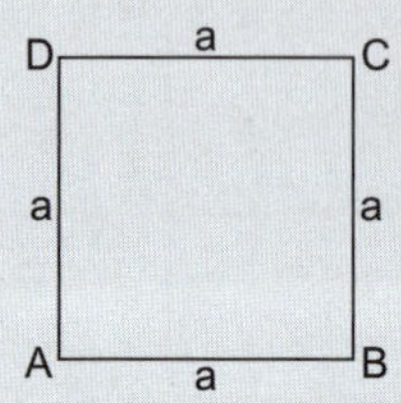

- **Rechteck:**
  - alle Innenwinkel gleich 90°
  - gegenüberliegende Seiten gleich lang und parallel
  - Diagonalen gleich lang ($d = \sqrt{a^2 + b^2}$)

  Umfang:
  $u = 2a + 2b = 2(a + b)$

  Flächeninhalt:
  $A = a \cdot b$

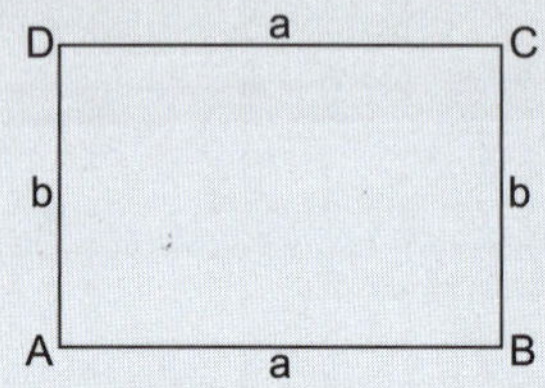

- **Raute/Rhombus:**
  - alle vier Seiten gleich lang
  - gegenüberliegende Winkel gleich groß
  - gegenüberliegende Seiten parallel
  - Diagonalen e und f stehen aufeinander senkrecht und halbieren sich

  Umfang:
  $u = 4a$

  Flächeninhalt:
  $A = \frac{1}{2} e \cdot f$ oder $A = a \cdot h$

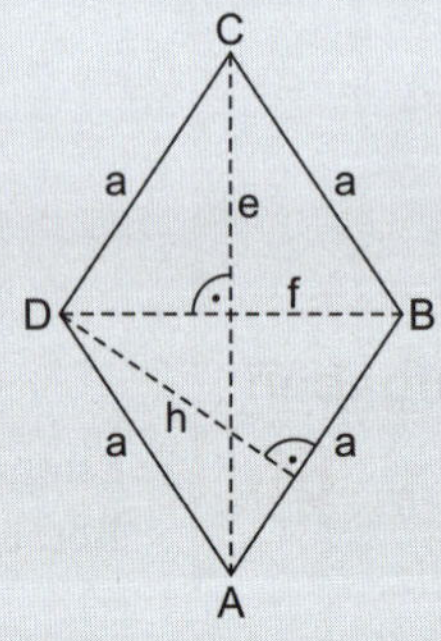

- **Parallelogramm:**
  - gegenüberliegende Winkel gleich groß
  - gegenüberliegende Seiten gleich lang und parallel

  Umfang:
  $u = 2a + 2b = 2(a + b)$

  Flächeninhalt:
  $A = a \cdot h_a = b \cdot h_b$

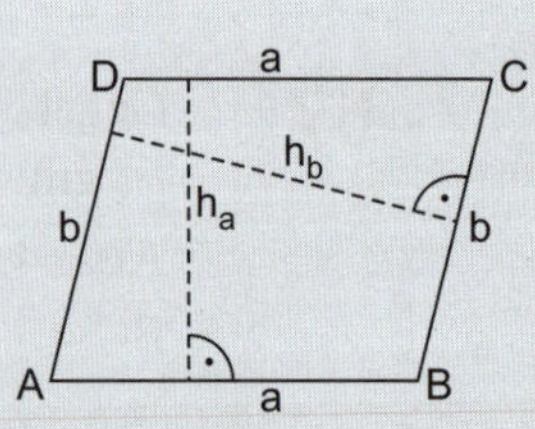

- **Drachenviereck:**
  - zwei Paare benachbarter Seiten gleich lang
  - zwei gegenüberliegende Winkel gleich groß
  - Diagonalen e und f stehen aufeinander senkrecht und e halbiert f

  Umfang:
  $u = 2a + 2b = 2(a + b)$

  Flächeninhalt:
  $A = \frac{1}{2} e \cdot f$

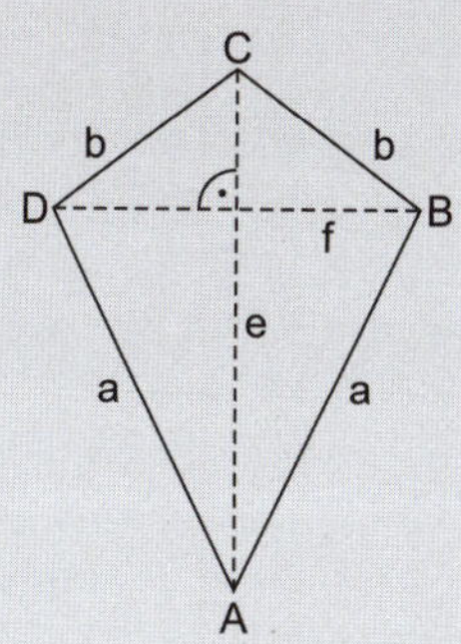

- **Trapez:**
  - zwei gegenüberliegende Seiten parallel
  - (nur im *gleichschenkligen* Trapez sind die beiden anderen Seiten gleich lang (b = d) und je zwei benachbarte Winkel gleich groß!)

  Umfang:
  $u = a + b + c + d$

  Flächeninhalt:
  $A = \frac{1}{2}(a + c) \cdot h$ oder: $A = m \cdot h$

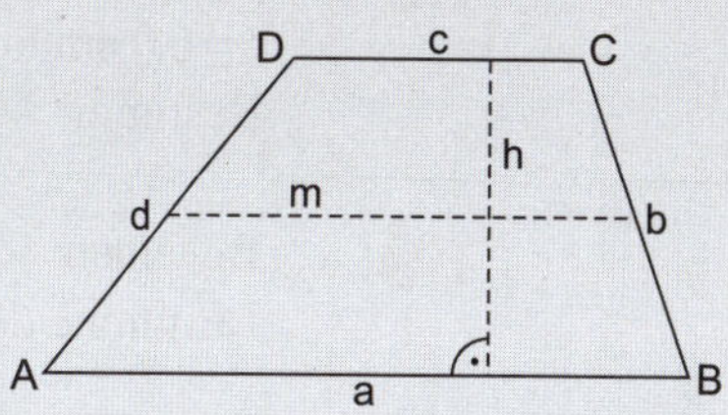

Beispiele

1. Berechne den Flächeninhalt eines Parallelogramms mit a = 12,5 cm, b = 6,3 cm und $\alpha = 53°$.

   Lösung:

   Berechnung der Höhe h_a:

   $\cos 53° = \frac{h_a}{b} \quad | \cdot b$

   $h_a = b \cdot \cos 53°$
   $h_a = 6{,}3 \cdot \cos 53°$
   $h_a = \underline{3{,}79 \text{ cm}}$

   Berechnung des Flächeninhalts:
   $A = a \cdot h_a$
   $A = 12{,}5 \cdot 3{,}79$
   $A = \underline{\underline{47{,}4 \text{ cm}^2}}$

2. Wie ändern sich Umfang und Flächeninhalt eines Quadrats, wenn man die Seitenlänge a verdoppelt?

   Lösung:
   Alter Umfang:
   $u = \underline{4a}$

   Neuer Umfang:
   $u' = 4 \cdot a' \quad | a' = 2a$
   $u' = 4 \cdot 2a$
   $u' = \underline{8a}$

Alter Flächeninhalt:
$A = \underline{a^2}$

Neuer Flächeninhalt:
$A' = (a')^2 \quad | a' = 2a$
$A' = (2a)^2$
$A' = \underline{4a^2}$

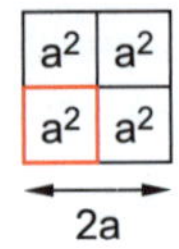

A: Der Umfang verdoppelt sich von 4a auf 8a und der Flächeninhalt vervierfacht sich von a^2 auf $4a^2$.

Aufgaben

68 Die parallelen Seiten eines gleichschenkligen Trapezes ABCD sind $a = 11{,}0$ cm und $c = 6{,}0$ cm lang, die beiden Schenkel messen $b = 5{,}7$ cm.
Bestimme Umfang und Flächeninhalt von Trapez ABCD.

69 Bei einem Rechteck ist eine Seite 12,5 cm lang, der Flächeninhalt beträgt 50 cm^2.
Bestimme den Umfang.

70 Eine Raute mit $u = 29{,}2$ cm hat einen Flächeninhalt von 0,4 dm^2.
Bestimme die Innenwinkel der Raute.

***71** Bei Monitoren wird die Größe meist mit der Bildschirmdiagonale (in Zoll ["], wobei 1 Zoll = 2,54 cm) und dem Seitenverhältnis angegeben.
Berechne die Bildfläche eines 20"-Bildschirms mit dem Seitenverhältnis 16:9.

Regelmäßige Vielecke

Merke

Regelmäßige Vielecke (n-Ecke) haben berechenbare Winkel und lassen sich in gleichschenklige Dreiecke zerteilen. Entscheidend zur Berechnung ist die Anzahl der Ecken (n). Über sie bestimmt man die Dreieckshöhe und Grundkante und kann den Flächeninhalt über die n Dreiecke bestimmen.

Flächeninhalt:

$A = n \cdot \frac{1}{2} a h_a = \frac{n \cdot a \cdot h_a}{2}$ oder: $A = \frac{n \cdot r^2}{2} \cdot \sin \alpha$

Umfang:

$u = n \cdot a$

Winkelsumme:

$W = (n-2) \cdot 180°$

Mittelpunktswinkel:

$\alpha = \frac{360°}{n}$

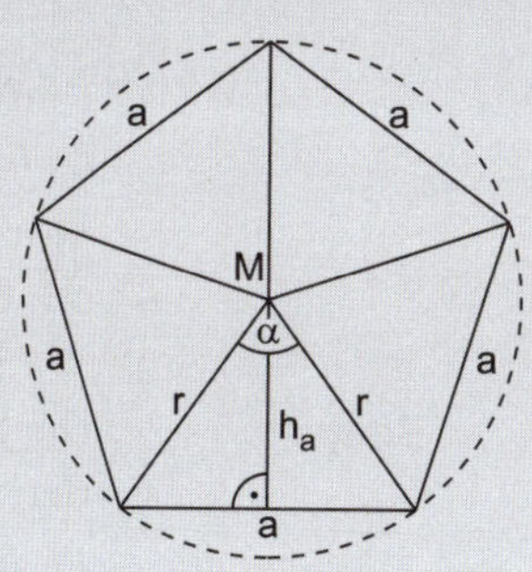

Beispiel

Die Seitenkante eines regelmäßiges Fünfecks ABCDE misst a = 4,0 cm.
Berechne Flächeninhalt und Umfang von Fünfeck ABCDE.

Lösung:

Berechnung von Mittelpunktswinkel α und von $\frac{\alpha}{2}$:

$\alpha = \frac{360°}{n} = \frac{360°}{5} = \underline{72°} \quad \Rightarrow \quad \frac{\alpha}{2} = \underline{36°}$

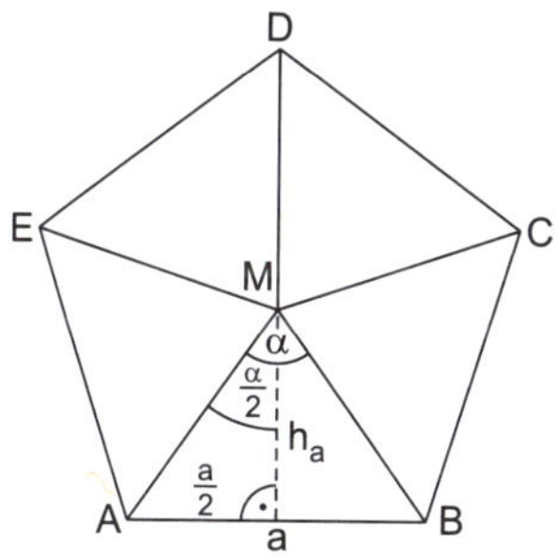

Berechnung der Höhe h_a:

$\tan 36° = \frac{\frac{a}{2}}{h_a} \qquad \Big| \cdot \frac{h_a}{\tan 36°}$

$h_a = \frac{\frac{a}{2}}{\tan 36°}$

$h_a = \frac{2}{\tan 36°}$

$h_a = \underline{2{,}75 \text{ cm}}$

Berechnung des Flächeninhalts A_{ABCDE}:

$A_{ABCDE} = n \cdot A_{ABM}$

$A_{ABCDE} = 5 \cdot \frac{1}{2} a h_a$

$A_{ABCDE} = 5 \cdot \frac{1}{2} \cdot 4 \cdot 2{,}75$

$A_{ABCDE} = \underline{\underline{27{,}5 \text{ cm}^2}}$

Berechnung des Umfangs:

$u = n \cdot a = 5 \cdot 4{,}0 = \underline{\underline{20{,}0 \text{ cm}}}$

Regelmäßige Sechsecke

Merke

Bei regelmäßigen Sechsecken sind die 6 Teildreiecke nicht nur gleichschenklig, sondern gleichseitig.

Flächeninhalt:

$A = 6 \cdot \frac{a^2}{4}\sqrt{3} = \frac{3a^2}{2}\sqrt{3}$

Umfang:

$u = 6a$

Mittelpunktswinkel:

$\alpha = 60°$

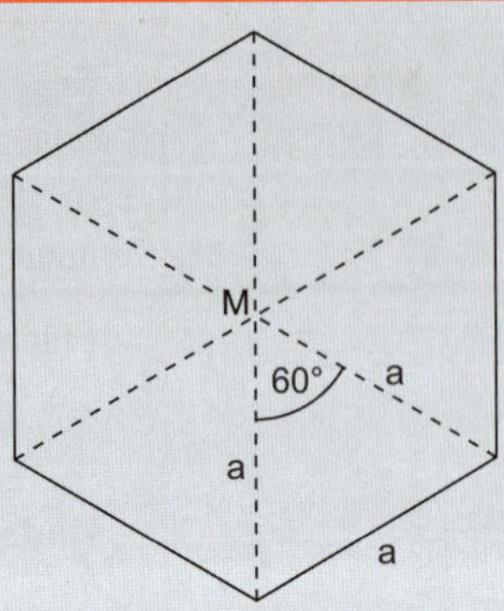

Beispiel

Die Seitenkante eines regelmäßigen Sechsecks ABCDEF misst $a = 4{,}0$ cm. Berechne Flächeninhalt und Umfang von Sechseck ABCDEF.

Lösung:

Berechnung des Flächeninhalts:

$A = \frac{3a^2}{2}\sqrt{3}$

$A = \frac{3 \cdot 4{,}0^2}{2}\sqrt{3}$

$A = 41{,}57$

$A = \underline{\underline{41{,}6\ \text{cm}^2}}$

Berechnung des Umfangs:

$u = 6a = 6 \cdot 4{,}0 = \underline{\underline{24{,}0\ \text{cm}}}$

Aufgaben

72 Bestimme Flächeninhalt und Umfang eines regelmäßigen Zwölfecks mit der Seitenlänge $a = 6$ cm.

73 Ein regelmäßiges Sechseck hat den Flächeninhalt $A = 72{,}6\ \text{cm}^2$. Berechne seinen Umfang.

Kreis

Merke

Bei allen Kreisen ist das Verhältnis von Umfang u und Durchmesser d gleich. Man nennt dieses Verhältnis **Kreiszahl** und bezeichnet es mit π (gesprochen: pi). π ist eine **irrationale Zahl** und kann nur annäherungsweise angegeben werden.
Ihr Wert beträgt: $\pi = 3{,}14\ldots$

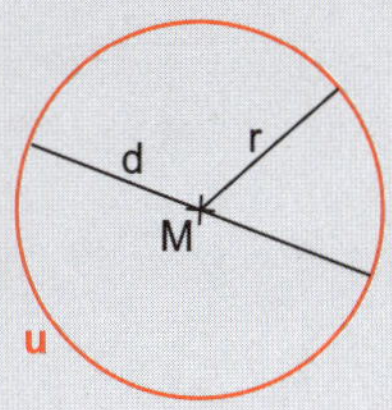

Flächeninhalt:

$A = \pi r^2$

Umfang:

$u = 2\pi r = \pi d$

Beispiel

Welchen Flächeninhalt hat ein Kreis mit einem Umfang von $u = 40{,}0$ cm?

Lösung:

Berechnung von Radius r:

$u = 2\pi r \quad |:(2\pi)$

$r = \frac{u}{2\pi}$

$r = \frac{40{,}0}{2\pi}$

$r = \underline{6{,}37 \text{ cm}}$

Zuerst muss der Radius errechnet werden, dazu wird die Umfangsformel nach r umgeformt. Erst nach dem Umformen wird die Zahl eingesetzt und das Ergebnis (gerundet) berechnet.

Berechnung von Flächeninhalt A:

$A = \pi r^2$

$A = \pi \cdot 6{,}37^2$

$A = \underline{\underline{127{,}5 \text{ cm}^2}}$

Das Zwischenergebnis wird in die Kreisformel eingesetzt und das Ergebnis (gerundet) berechnet.

Merke

1. Bei **Halbkreisen**, **Viertelkreisen** usw. werden die Formeln mit einem entsprechenden **Faktor** $\left(\frac{1}{2}, \frac{1}{4} \text{ usw.}\right)$ multipliziert. Man erhält dann die Sektorfläche A bzw. die Länge des Bogens b. Bei beliebigen Teilen verwendet man den Faktor $\frac{\alpha}{360°}$.

   Flächeninhalt:

   $A = \frac{\alpha}{360°} \cdot \pi r^2$

   Bogenlänge:

   $b = \frac{\alpha}{360°} \cdot 2\pi r$

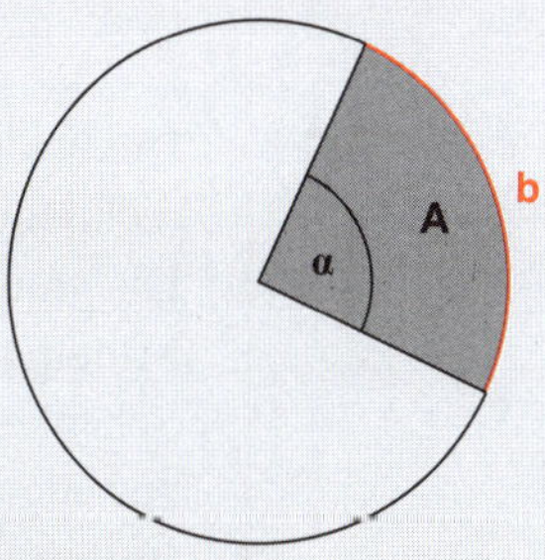

2. Bei zusammengesetzten oder ausgeschnittenen Flächen errechnet man die Einzelflächen und **addiert** bzw. **subtrahiert** sie zur Gesamtfläche. Der Umfang ergibt sich als Summe aller Bögen und Strecken.

Beispiel

Gegeben ist ein Kreisausschnitt. Es gilt:
$r_1 = 6{,}1\,\text{cm}$
$r_2 = 4{,}6\,\text{cm}$
$\alpha = 70{,}0°$
Berechne den Flächeninhalt A der gefärbten Fläche.

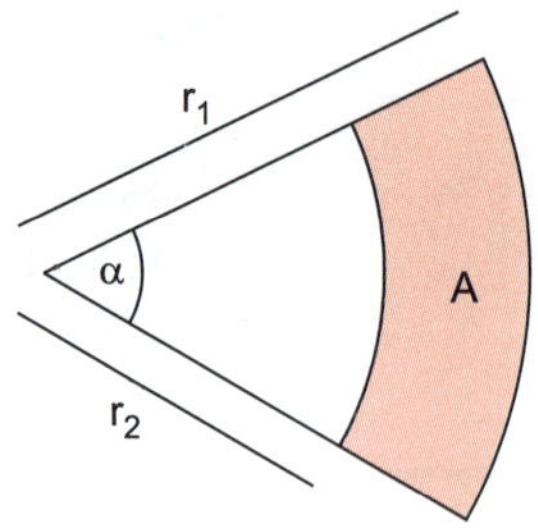

Lösung:

Berechnung von Flächeninhalt A:

$$A = \frac{\alpha}{360°} \cdot \pi r_1^2 - \frac{\alpha}{360°} \cdot \pi r_2^2$$

Die gefärbte Fläche ist die Differenz zweier Sektoren mit demselben Winkel.

$$A = \frac{\alpha}{360°} \cdot \pi \cdot (r_1^2 - r_2^2)$$

Ausklammern gemeinsamer Faktoren

$$A = \frac{70°}{360°} \cdot \pi \cdot (6{,}1^2 - 4{,}6^2)$$

$$A = \underline{\underline{9{,}8\,\text{cm}^2}}$$

Aufgaben

74 Ein kreisförmiger Rasenplatz mit 18 m Durchmesser soll neu eingesät werden. Ein Paket Grassamen reicht für 29 m^2 und kostet 8,95 €.
Berechne die entstehenden Kosten.

75 Der Winkel α beträgt 63,6°, die beiden Radien betragen $r_1 = 4{,}6$ cm und $r_2 = 3{,}3$ cm.
Berechne den Umfang der grau gefärbten Figur.

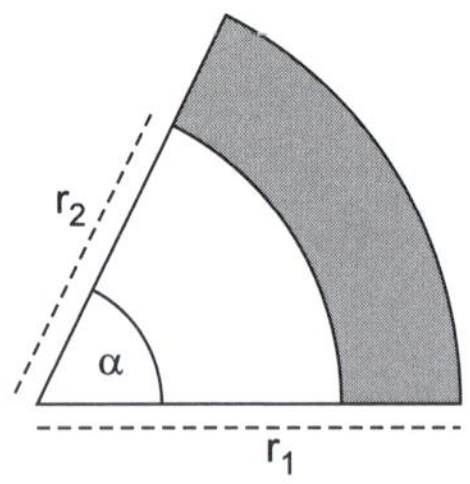

***76** Die beiden Schenkel des gleichschenklig-rechtwinkligen Dreiecks sind a = 6,2 cm lang. Die grauen Flächen sind Kreissektoren, deren Mittelpunkte mit den Mittelpunkten der Schenkel bzw. mit der Spitze des Dreiecks zusammenfallen.
Berechne den äußeren Umfang und den Flächeninhalt der grau gefärbten Figur.

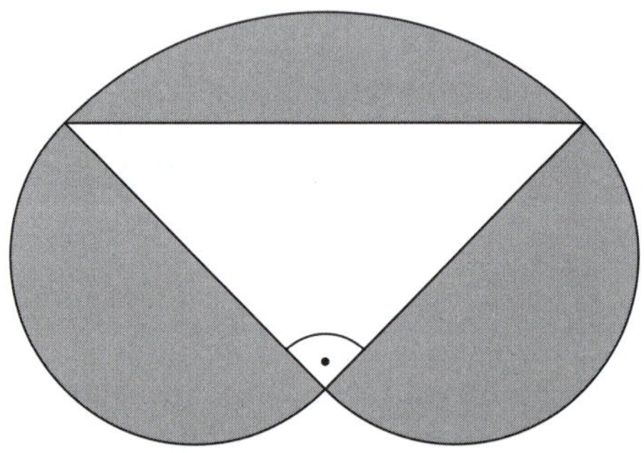

***77** Der Umfang der grau gefärbten Figur beträgt 19,4 cm.
Berechne den Flächeninhalt der Figur.

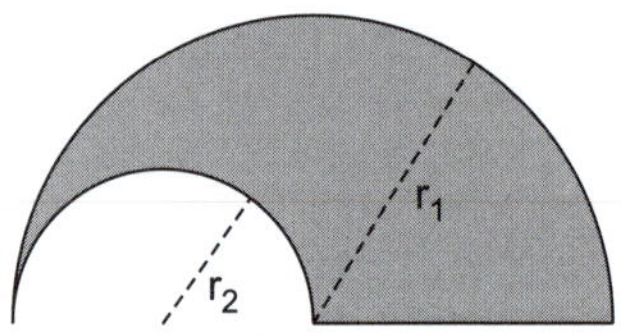

4.7 Körper

Bei Körpern gelten allgemein folgende Grundbezeichnungen:

- Grundkante: a
- Körperhöhe: h
- Grundfläche: G
- Mantelflächeninhalt: M
- Oberflächeninhalt: O
- Volumen: V

Sind mehrere Körper vorhanden, müssen die Bezeichnungen zur Klarstellung indiziert werden (z. B. V_1, V_Z ...).

Prisma

Merke

- Grund- und Deckfläche sind parallele und kongruente (= deckungsgleiche) n-Ecke
- Mantelfläche M besteht aus rechteckigen Seitenflächen M_i
- rechter Winkel zwischen Höhe und Seitenkanten

Mantelflächeninhalt:

$M = M_1 + M_2 + \ldots + M_n$

$M = u_G \cdot h$

Oberflächeninhalt:

$O = 2G + M$

Volumen:

$V = G \cdot h$

Schrägbild:

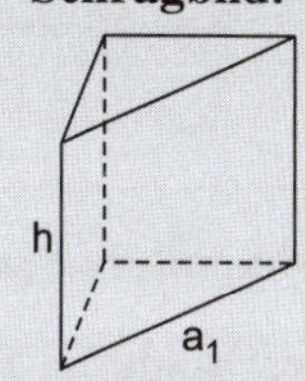

a = Grundkante
h = Körperhöhe
G = Grundfläche
D = Deckfläche
M = Mantelfläche

Körpernetz:

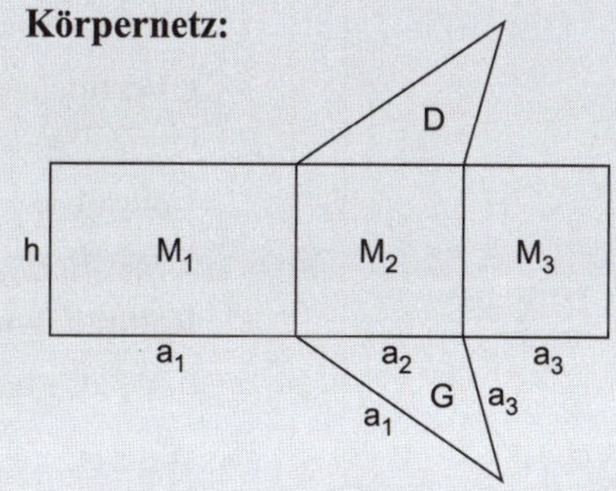

Beispiel

Ein Dreiecksprima hat als Grundfläche ein rechtwinkliges Dreieck mit den Katheten a = 6,4 cm und b = 13,1 cm. Es ist 14,3 cm hoch.

Berechne Volumen und Oberflächeninhalt des Prismas.

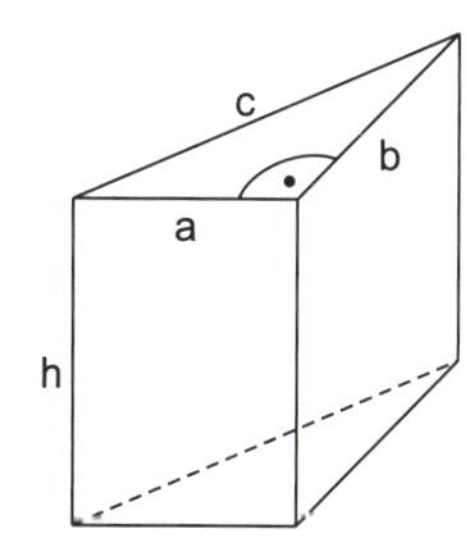

Lösung:

Berechnung von Grundfläche G:

$G = \frac{1}{2}ab$

$G = \frac{1}{2} \cdot 6{,}4 \cdot 13{,}1$

$G = \underline{41{,}92\text{ cm}^2}$

Berechnung des Volumens V:

$V = G \cdot h$

$V = 41{,}92 \cdot 14{,}3$

$V = \underline{\underline{599{,}5\text{ cm}^3}}$

Berechnung von Seitenkante c:

$c^2 = a^2 + b^2 \quad |\sqrt{\ }$

$c = \sqrt{6{,}4^2 + 13{,}1^2}$

$c = \underline{14{,}58\text{ cm}}$

Berechnung von Umfang u_G der Grundfläche:

$u_G = a + b + c$

$u_G = 6{,}4 + 13{,}1 + 14{,}58$

$u_G = \underline{34{,}08\text{ cm}}$

Berechnung von Oberflächeninhalt O:

$O = 2G + M$

$O = 2G + u_G \cdot h$

$O = 2 \cdot 41{,}92 + 34{,}08 \cdot 14{,}3$

$O = \underline{\underline{571{,}2\text{ cm}^2}}$

Zur Bestimmung des Oberflächeninhalts mithilfe des Umfangs der Grundfläche muss zuerst noch die dritte Seitenkante berechnet werden. Da es sich bei der Grundfläche um ein rechtwinkliges Dreieck handelt, hilft hier der Satz des Pythagoras. In der Angabe steht, dass a und b die Katheten sind, also ist die fehlende Seite c die Hypotenuse.

Besondere Prismen

- **Quader:**
  Ein Quader ist ein Prisma mit rechteckigen Begrenzungsflächen.

  Oberflächeninhalt:
  $O = 2ab + 2ac + 2bc = 2(ab + ac + bc)$

  Volumen:
  $V = a \cdot b \cdot c$

  Raumdiagonale:
  $d = \sqrt{a^2 + b^2 + c^2}$

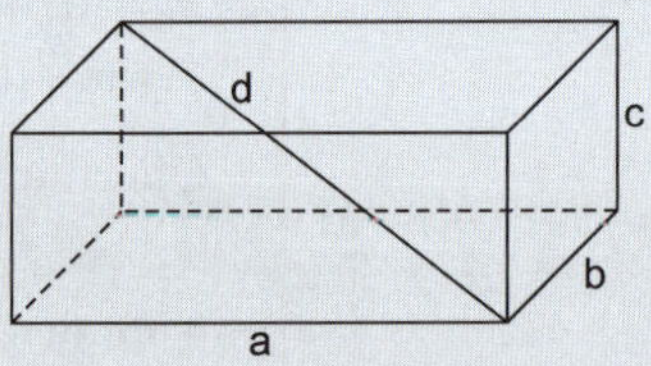

- **Würfel:**
  Ein Würfel ist ein Prisma mit quadratischen Begrenzungsflächen.

  Oberflächeninhalt:
  $O = 6a^2$

  Volumen:
  $V = a^3$

  Raumdiagonale:
  $d = a\sqrt{3}$

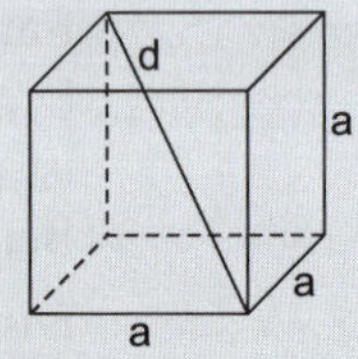

- **Regelmäßiges Sechseckprisma:**
  Ein Prisma mit einem regelmäßigen Sechseck als Grund-/Deckfläche

  Mantelflächeninhalt:
  $M = 6ah$

  Oberflächeninhalt:
  $O = 3a^2\sqrt{3} + 6ah$

  Volumen:
  $V = \frac{3a^2}{2}\sqrt{3} \cdot h$

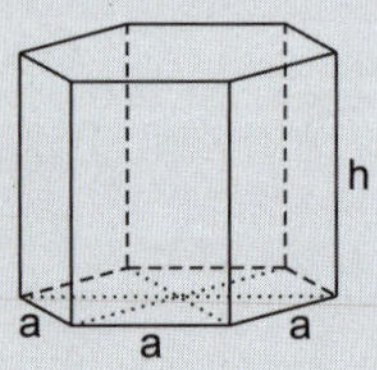

Beispiel

Ein Prisma mit einem regelmäßigen Sechseck als Grundfläche hat eine Grundkante der Länge 2,8 cm und einen Oberflächeninhalt von 150,0 cm^2.
Berechne das Volumen des Prismas.

Lösung:
Berechnung von Höhe h:

$$O = 3a^2\sqrt{3} + 6ah \qquad |-3a^2\sqrt{3}$$
$$6ah = O - 3a^2\sqrt{3} \qquad |:6a$$
$$h = \frac{O - 3a^2\sqrt{3}}{6a}$$
$$h = \frac{150 - 3\cdot 2{,}8^2\sqrt{3}}{6\cdot 2{,}8}$$
$$h = \underline{6{,}50\text{ cm}}$$

Die Grundfläche ist ein regelmäßiges Sechseck, dessen Flächeninhalt mit der Formel $G = \frac{3a^2}{2}\sqrt{3}$ berechnet werden kann (siehe Kapitel 4.6).

Berechnung des Volumens V:

$$V = \frac{3a^2}{2}\sqrt{3}\cdot h$$
$$V = \frac{3\cdot 2{,}8^2}{2}\sqrt{3}\cdot 6{,}50$$
$$V = \underline{\underline{132{,}4\text{ cm}^3}}$$

Aufgaben

78 Von einem quadratischen Prisma sind die Grundkante a = 5,4 cm und die Höhe h = 19,5 cm gegeben.
Bestimme Volumen und Oberflächeninhalt.

79 Ein Prisma mit einem regelmäßigen Sechseck als Grundfläche hat eine Höhe von h = 9,1 cm und ein Volumen von V = 167,4 cm^3.
Berechne die Grundkante a des Primas.

***80** Ein quadratisches Prisma hat die Grundseiten a = 4,4 cm und eine Höhe von $h_1 = 5{,}9$ cm.
Berechne die Höhe h_2 eines quadratischen Primas mit gleich langen Grundseiten, dessen Oberfläche um 11 % kleiner ist.

Zylinder

Merke

- Grund- und Deckfläche sind parallele, kongruente Kreise
- Mantelfläche bildet – „ausgerollt" – ein Rechteck
- rechter Winkel zwischen Höhe und Radius

Mantelflächeninhalt:
$M = u \cdot h$
$M = 2\pi r \cdot h$

Oberflächeninhalt:
$O = 2G + M$
$O = 2\pi r^2 + 2\pi r \cdot h = 2\pi r(r + h)$

Volumen:
$V = G \cdot h$
$V = \pi r^2 h$

Schrägbild:

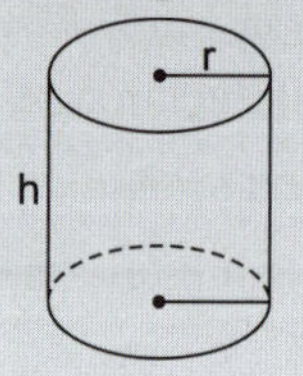

Körpernetz:

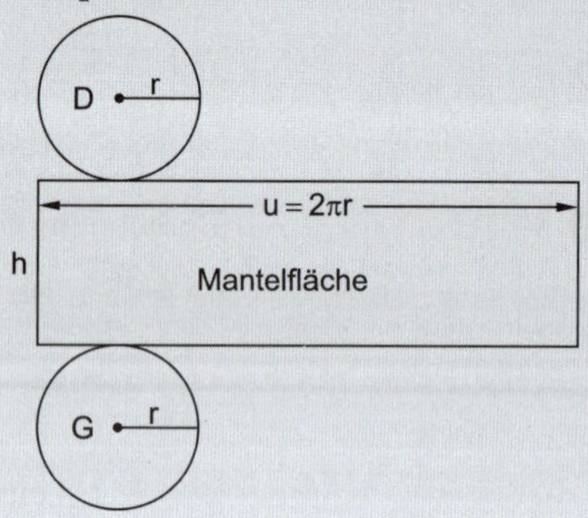

Tipp

Zylinder und Prisma sind Körper, bei denen Grund- und Deckfläche kongruent sind.
Das Volumen dieser Körper bestimmt sich immer über $G \cdot h$ (Grundfläche mal Höhe).

Beispiele

1. Eine zylinderförmige Packung Stapelchips hat einen Durchmesser von 9,5 cm und eine Höhe von 3,0 dm.
   Wie groß sind Mantelflächeninhalt und Volumen der Verpackung?

   Lösung:

   Berechnung des Mantelflächeninhalts M:

   $M = 2\pi r \cdot h \quad \left| \; r = \frac{1}{2}d = \frac{1}{2} \cdot 9{,}5 = 4{,}75 \right.$

   $M = 2\pi \cdot 4{,}75 \cdot 30$

   $M = \underline{\underline{895{,}4\ \text{cm}^2}}$

   (alternativ: $M = \underline{\underline{9{,}0\ \text{dm}^2}}$)

   Achte auf die Einheiten, hier sind sie unterschiedlich: $h = 3{,}0\ \text{dm} = 30\ \text{cm}$

   Berechnung des Volumens V:

   $V = \pi r^2 \cdot h$

   $V = \pi \cdot 4{,}75^2 \cdot 30$

   $V = \underline{\underline{2\,126{,}5\ \text{cm}^3}}$

   (alternativ: $V = \underline{\underline{2{,}1\ \text{dm}^3}}$)

2. Ein Zylinder mit Radius r = 3,9 cm wird senkrecht mittig durchgeschnitten, sodass zwei halbe Zylinder entstehen. Die Schnittfläche hat einen Flächeninhalt von $37{,}7\ cm^2$.
Welches Volumen hat der halbe Zylinder?

Lösung:

Berechnung der Höhe h:

$A = d \cdot h \quad |:d$

$h = \frac{A}{d} \quad | d = 2r = 2 \cdot 3{,}9 = 7{,}8$

$h = \frac{37{,}7}{7{,}8}$

$h = \underline{4{,}83\ \text{cm}}$

Skizze der Schnittfläche:

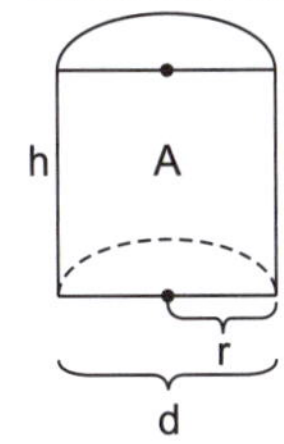

Berechnung des Volumens V:

$V = \frac{1}{2} \cdot \pi r^2 h$

$V = \frac{1}{2}\pi \cdot 3{,}9^2 \cdot 4{,}83$

$V = \underline{\underline{115{,}4\ \text{cm}^3}}$

Aufgaben

81 Eine zylinderförmige Getränkedose hat einen Innendurchmesser von 7,2 cm und eine Höhe von 12,5 cm.

a) Zeige, dass in diese Dose 0,5 ℓ gefüllt werden können.

b) Wie viel Prozent des Volumens werden dabei nicht genutzt?

82 Ein Leichtkraftrad (kleines Motorrad) hat einen maximalen Hubraum von 100,0 ccm ($= cm^3$) bei zwei Zylindern (V-Motor).
Welchen Durchmesser hat ein Zylinder, wenn die Höhe des Hubraums im Zylinder 5,0 cm beträgt?

83 Ein Trinkhalm ragt 9 cm aus einem zylindrischen Glas (V = 0,3 ℓ, Innendurchmesser d = 6 cm).
Wie lang ist der Trinkhalm insgesamt?

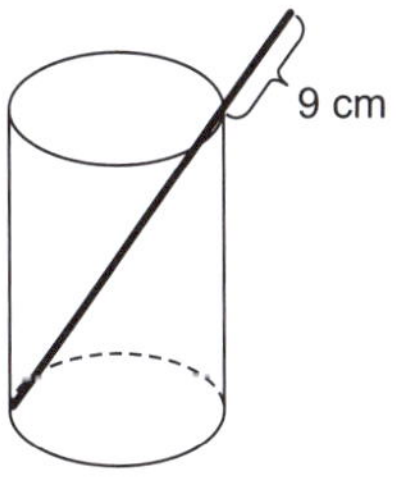

Pyramide

Merke

- Grundfläche ist ein Vieleck (n-Eck)
- Mantelfläche besteht aus n Dreiecken (n: Anzahl Ecken der Grundfläche)
- rechte Winkel im Diagonal- und Parallelschnitt und auf der Seitenfläche (s. u.)

Oberflächeninhalt:

$O = G + M$

Volumen:

$V = \frac{1}{3} G \cdot h$

Schrägbild:

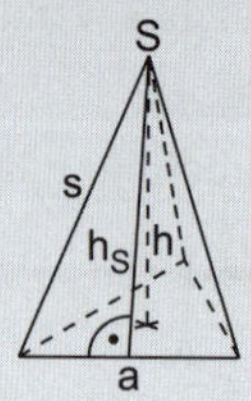

S = Körperspitze
a = Grundkante
s = Seitenkante
h = (Pyramiden-)Höhe
h_S = Seitenhöhe

Körpernetz:

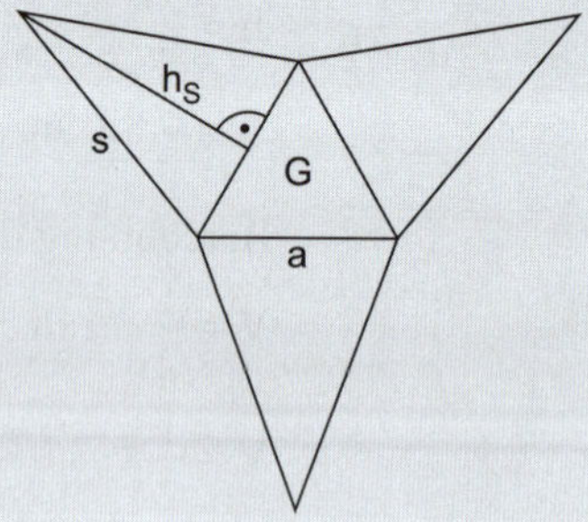

Spezielle Pyramiden

- **Quadratische Pyramide:**
  Eine Pyramide mit quadratischer Grundfläche

  Mantelflächeninhalt:

  $M = 2ah_S$

  Oberflächeninhalt:

  $O = a^2 + 2ah_S$

  Volumen:

  $V = \frac{1}{3} a^2 \cdot h$

  Rechtwinklige Dreiecke in der (quadratischen) Pyramide:

  – Pythagoras im **halben Diagonalschnitt**

  $s^2 = \left(\frac{a}{2}\sqrt{2}\right)^2 + h^2$

  – Pythagoras im **halben Parallelschnitt**

  $h_S{}^2 = h^2 + \left(\frac{a}{2}\right)^2$

  – Pythagoras in der **halben Seitenfläche**

  $s^2 = h_S{}^2 + \left(\frac{a}{2}\right)^2$

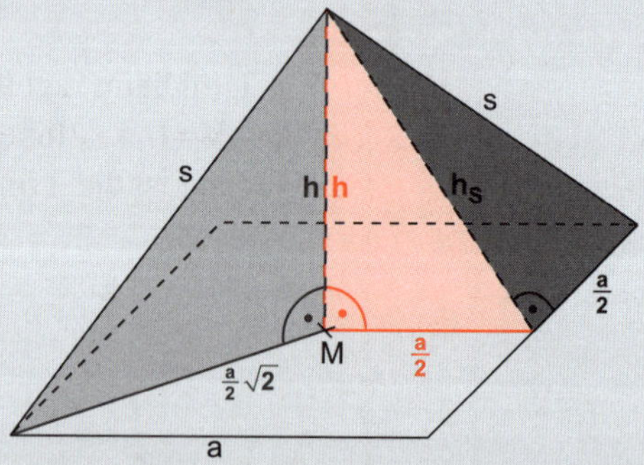

Hinweis: Diese (Hilfs-)Dreiecke sind bei Berechnungen in Pyramiden oft unverzichtbar. In der Abschlussprüfung werden sie regelmäßig benötigt.

- **Regelmäßige Dreieckpyramide:**
  Eine Pyramide mit einem gleichseitigen Dreieck als Grundfläche

  Mantelflächeninhalt:

  $M = \frac{3}{2} a h_S$

  Oberflächeninhalt:

  $O = \frac{a^2}{4}\sqrt{3} + \frac{3}{2} a h_S$

  Volumen:

  $V = \frac{a^2}{12}\sqrt{3} \cdot h$

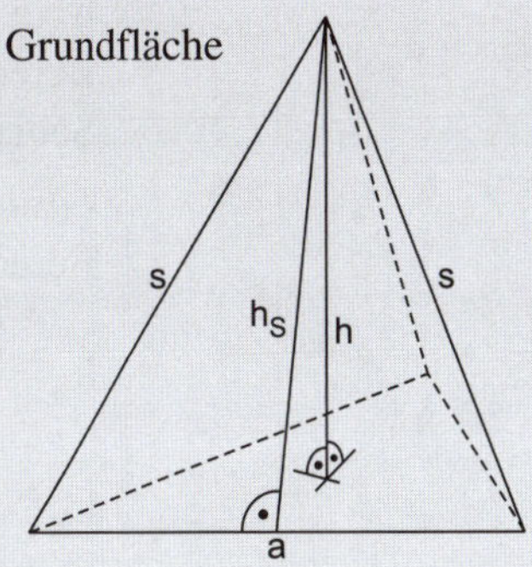

- **Regelmäßige Sechseckpyramide:**
  Eine Pyramide mit einem regelmäßigen Sechseck als Grundfläche

  Mantelflächeninhalt:

  $M = 3ah_S$

  Oberflächeninhalt:

  $O = \frac{3}{2} a^2 \sqrt{3} + 3ah_S$

  Volumen:

  $V = \frac{a^2}{2}\sqrt{3} \cdot h$

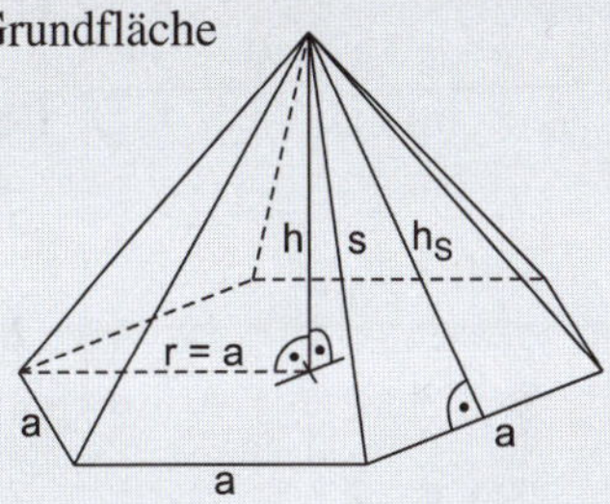

- **Regelmäßige n-Eckpyramide:**
  Eine Pyramide mit einem regelmäßigen n-Eck als Grundfläche

  Mantelflächeninhalt:

  $M = \frac{n}{2} a h_S$

  Oberflächeninhalt:

  $O = G + \frac{n}{2} a h_S$

  Volumen:

  $V = \frac{1}{3} G \cdot h$

Rechtwinklige Dreiecke in der regelmäßigen n-Eckpyramide:

- Pythagoras im **halben Schnitt von s aus**

  $s^2 = r^2 + h^2$

- Pythagoras im **halben Schnitt von h_S aus**

  $h_S{}^2 = h^2 + h_a{}^2$

- Pythagoras in der **halben Seitenfläche**

  $s^2 = h_S{}^2 + \left(\frac{a}{2}\right)^2$

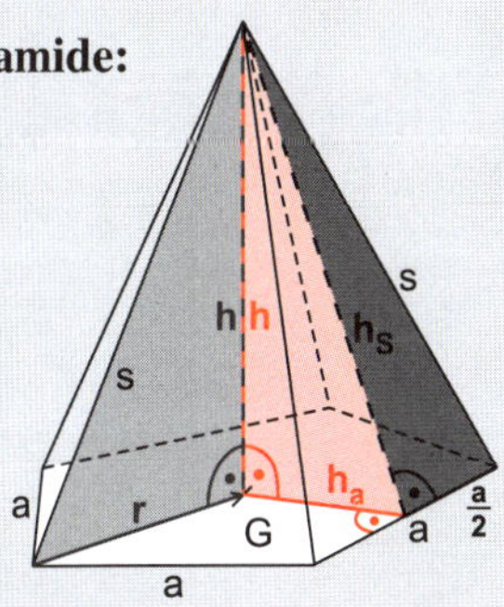

Beispiele

1. Eine quadratische Pyramide hat die Grundseite a = 4,4 cm und eine Höhe von h = 5,9 cm.
   Berechne den Oberflächeninhalt der Pyramide und den Winkel γ zwischen einer Seitenkante und der Grundfläche.

   Lösung:

   Berechnung von Höhe h_S auf der Seitenfläche:

   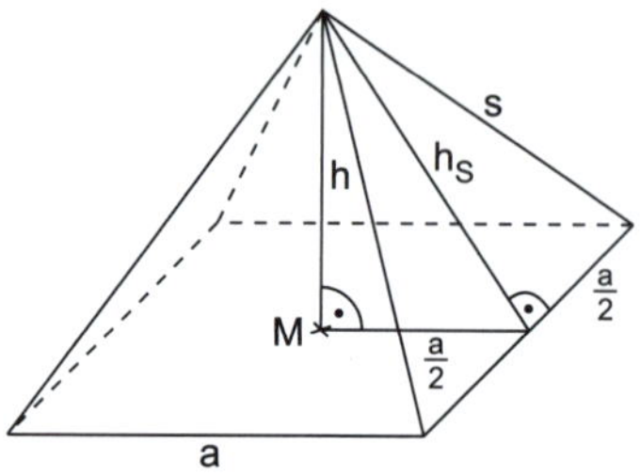

   $$h_S{}^2 = h^2 + \left(\frac{a}{2}\right)^2$$

   $$h_S{}^2 = 5{,}9^2 + \left(\frac{4{,}4}{2}\right)^2 \quad |\sqrt{}$$

   $$h_S = \underline{6{,}30\ \text{cm}}$$

   Berechnung von Oberflächeninhalt O:

   $$O = a^2 + 2ah_S = 4{,}4^2 + 2 \cdot 4{,}4 \cdot 6{,}30 = \underline{\underline{74{,}8\ \text{cm}^2}}$$

   Berechnung von Seitenkante s (auf der Seitenfläche):

   $$s^2 = h_S{}^2 + \left(\frac{a}{2}\right)^2$$

   $$s^2 = 6{,}30^2 + 2{,}2^2 \quad |\sqrt{}$$

   $$s = \underline{6{,}67\ \text{cm}}$$

   alternativ:

   Berechnung von Seitenkante s (im Diagonalschnitt):

   $$s^2 = h^2 + \left(\frac{d}{2}\right)^2 \quad \left|\ \frac{d}{2} = \frac{1}{2}a\sqrt{2}\right.$$

   $$s^2 = h^2 + \left(\frac{a}{2}\sqrt{2}\right)^2$$

   $$s^2 = 5{,}9^2 + \left(2{,}2 \cdot \sqrt{2}\right)^2 \quad |\sqrt{}$$

   $$s = \underline{6{,}67\ \text{cm}}$$

   Die Diagonale im Quadrat misst $a\sqrt{2}$.

   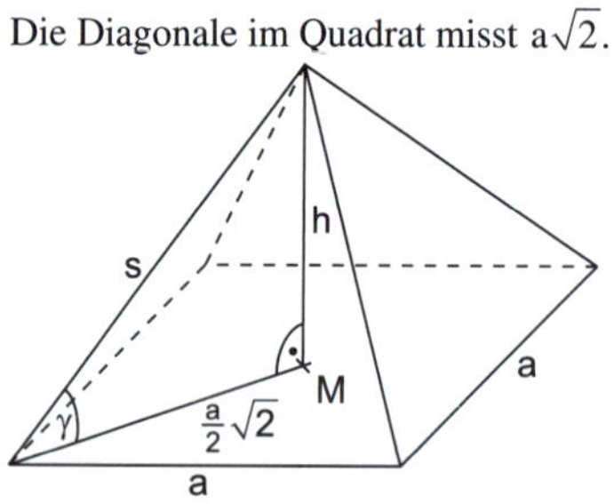

   Berechnung von Winkel γ:

   $$\sin\gamma = \frac{h}{s}$$

   $$\sin\gamma = \frac{5{,}9}{6{,}67}$$

   $$\gamma = \underline{\underline{62{,}2°}}$$

2. Eine Pyramide mit Höhe h = 11,4 cm hat ein regelmäßiges Fünfeck mit Seitenlänge a = 16,2 cm als Grundfläche.
Bestimme das Volumen der Pyramide.

Lösung:
Berechnung von Mittelpunktswinkel α und $\frac{\alpha}{2}$:

$$\alpha = \frac{360°}{n} = \frac{360°}{5} = \underline{72°} \Rightarrow \frac{\alpha}{2} = \underline{36°}$$

Skizze: Ausschnitt aus der Grundfläche

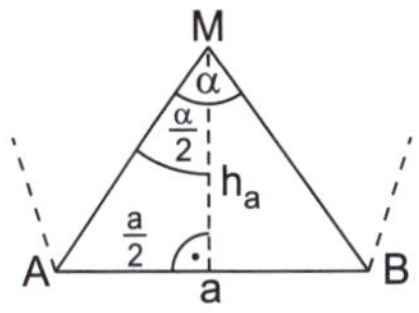

Berechnung von Höhe h_a auf der Grundfläche:

$$\tan\frac{\alpha}{2} = \frac{\frac{a}{2}}{h_a} \qquad |\cdot h_a \quad |:\tan\frac{\alpha}{2}$$

$$h_a = \frac{\frac{a}{2}}{\tan\frac{\alpha}{2}}$$

$$h_a = \frac{\frac{16,2}{2}}{\tan 36°}$$

$$h_a = \underline{11,15\text{ cm}}$$

Berechnung des Volumens V:

$$V = \frac{1}{3}\cdot G\cdot h$$

$$V = \frac{1}{3}\cdot n\cdot\frac{1}{2}ah_a\cdot h$$

$$V = \frac{1}{3}\cdot 5\cdot\frac{1}{2}\cdot 16,2\cdot 11,15\cdot 11,4$$

$$V = \underline{\underline{1\,716,0\text{ cm}^3}} \quad (\text{alternativ: } V = \underline{\underline{1,7\text{ dm}^3}})$$

Aufgaben

84 Von einer quadratischen Pyramide sind $h_S = 10,0$ cm und s = 12,7 cm gegeben.
Bestimme Volumen und Oberflächeninhalt der Pyramide.

85 Eine Pyramide mit einer Höhe von h = 5,7 cm hat als Grundfläche ein regelmäßiges Neuneck mit einer Seitenlänge von a = 4,2 cm.
Berechne die Länge aller Kanten.

***86** Eine 6,1 cm hohe Pyramide ABCS hat als Grundfläche ein gleichseitiges Dreieck. Der Winkel γ zwischen einer Seitenkante und der Grundfläche beträgt 70,2°.
Berechne die Oberfläche der Pyramide ABCS.

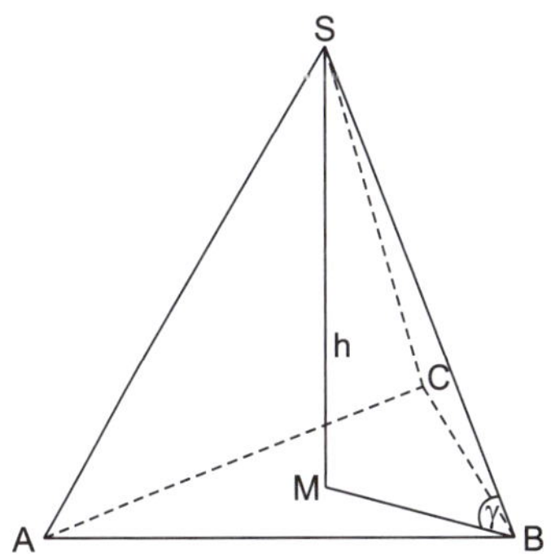

Kegel

Merke

- Grundfläche ist ein Kreis
- Mantelfläche bildet – „ausgerollt" – einen Kreisausschnitt
- rechter Winkel zwischen Radius und Höhe
- Kegelspitze S liegt genau über dem Mittelpunkt des Grundkreises

Mantelflächeninhalt:

$M = \pi rs$ oder: $M = \frac{\alpha}{360°} \cdot \pi s^2$

Oberflächeninhalt:

$O = G + M$

$O = \pi r^2 + \pi rs = \pi r \cdot (r + s)$

Volumen:

$V = \frac{1}{3} G \cdot h$

$V = \frac{1}{3} \pi r^2 h$

Pythagoras im halben Parallelschnitt:

$s^2 = h^2 + r^2$

Schrägbild:

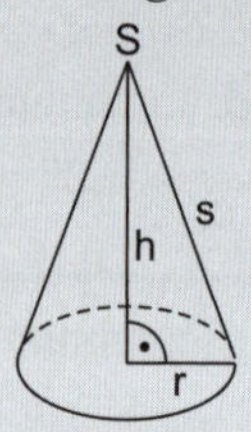

S = Körperspitze
r = Radius
s = Mantellinie
(Im Mantel-Kreisausschnitt ist s der Radius!)
h = Körperhöhe

Körpernetz:

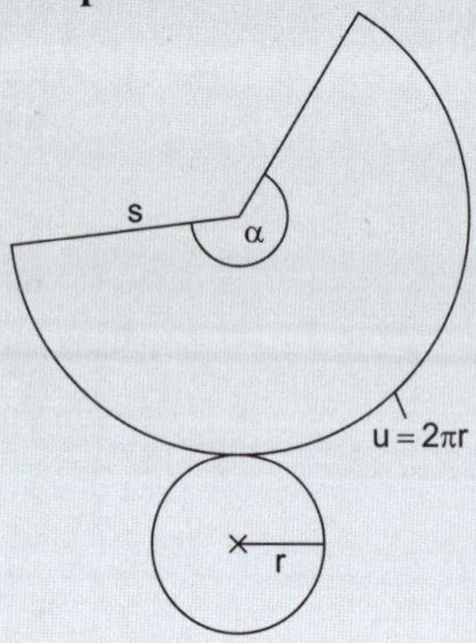

Tipp

Pyramide und Kegel sind spitze Körper (eine Grundfläche und eine Spitze). Das Volumen dieser Körper berechnet sich immer mit $\frac{1}{3} \cdot G \cdot h$ (Grundfläche mal Höhe geteilt durch 3) – es entspricht also genau einem Drittel des Volumens von einem Prisma bzw. Zylinder mit gleicher Grundfläche und Höhe.

Beispiele

1. Bestimme den Oberflächeninhalt eines Kegels mit Volumen $V = 1{,}6\ dm^3$ und Radius $r = 8{,}9$ cm.

Lösung:

Berechnung der Höhe h:

$V = \frac{1}{3} \pi r^2 h \quad \Big| \cdot \frac{3}{\pi r^2}$

$h = \frac{3V}{\pi r^2}$

$h = \frac{3 \cdot 1\,600}{\pi \cdot 8{,}9^2}$

Achte auf die Einheiten: $1{,}6\ dm^3 = 1\,600\ cm^3$

$h = \underline{19{,}29\ cm}$

Berechnung der Mantellinie s:

$s^2 = h^2 + r^2$

$s^2 = 19{,}29^2 + 8{,}9^2 \quad \big| \sqrt{\ }$

$s = \underline{21{,}24\ cm}$

Berechnung des Oberflächeninhalts O:

$O = \pi r^2 + \pi rs$

$O = \pi \cdot 8{,}9^2 + \pi \cdot 8{,}9 \cdot 21{,}24$

$O = \underline{\underline{842{,}7\ cm^2}}$

(alternativ: $O = \underline{\underline{8{,}4\ dm^2}}$)

2. Die Mantelfläche eines Kegels hat den Flächeninhalt 42,0 dm^2. Faltet man sie auf, ergibt sich ein Kreisausschnitt mit einem Mittelpunktswinkel von 234°.
   Berechne das Volumen des Kegels.

   Lösung:
   Berechnung von Mantellinie s:

$$M = \frac{\alpha}{360°} \cdot \pi s^2 \quad \left| \cdot \frac{360°}{\alpha\pi} \right.$$

$$s^2 = \frac{360° \cdot M}{\alpha\pi}$$

$$s^2 = \frac{360° \cdot 42}{234° \cdot \pi} \quad |\sqrt{\ }$$

$$s = \underline{4{,}54 \text{ dm}}$$

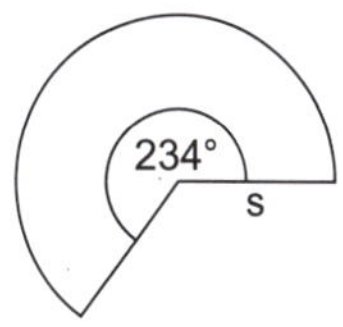

Hier wird in dm gerechnet. Eine Notwendigkeit, Einheiten umzuformen, besteht hier nicht.

Berechnung von Radius r:

$$M = \pi r s \quad |:(\pi s)$$

$$r = \frac{M}{\pi s}$$

$$r = \frac{42}{\pi \cdot 4{,}54}$$

$$r = \underline{2{,}94 \text{ dm}}$$

Berechnung von Höhe h:

$$s^2 = h^2 + r^2 \quad |-r^2$$

$$h^2 = s^2 - r^2$$

$$h^2 = 4{,}54^2 - 2{,}94^2 \quad |\sqrt{\ }$$

$$h = \underline{3{,}46 \text{ dm}}$$

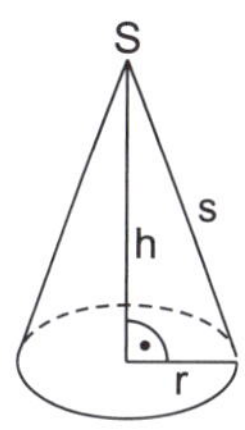

Berechnung von Volumen V:

$$V = \frac{1}{3}\pi r^2 h$$

$$V = \frac{1}{3} \cdot \pi \cdot 2{,}94^2 \cdot 3{,}46$$

$$V = \underline{\underline{31{,}3 \text{ dm}^3}}$$

Aufgaben

87 Zwei Kegel werden miteinander verglichen:
Kegel 1: Radius $r_1 = 4{,}2$ cm Höhe $h_1 = 5{,}6$ cm
Kegel 2: Radius $r_2 = 3{,}5$ cm Mantellinie $s_2 = 8{,}4$ cm
Überprüfe folgende Behauptungen und begründe deine Entscheidung.
a) Die Körper haben gleich große Mantelflächen.
b) Die Volumina unterscheiden sich um mehr als 10 cm^3.

88 Ein Zylinder und ein Kegel besitzen denselben Radius $r = 3{,}8$ cm. Der Zylinder hat eine Höhe von $h_Z = 5{,}4$ cm. Beide Körper haben den gleichen Oberflächeninhalt.
Berechne die Höhe h_K des Kegels.

89 Ein Kegel mit Radius $r = 3{,}6$ cm und Höhe $h = 4{,}2$ cm wird senkrecht halbiert.
Um wie viel Prozent verringert sich dadurch der Oberflächeninhalt?

Kugel

Merke

- Jeder Punkt der Oberfläche hat vom Mittelpunkt M den Abstand r (Radius).
- Alle Schnittflächen sind Kreise, Schnittflächen durch M sind Kreise mit Radius r.

Schrägbild:

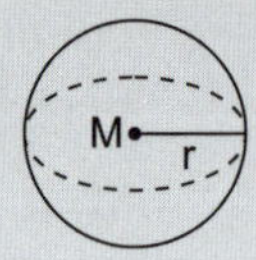

Oberflächeninhalt:

$O = 4\pi r^2$ oder: $O = \pi d^2$

Volumen:

$V = \frac{4}{3}\pi r^3$ oder: $V = \frac{1}{6}\pi d^3$

Beispiele

1. Eine Halbkugel hat einen Oberflächeninhalt von 208,2 cm³.
   Berechne den Radius.

   Lösung:

   $O = A_{Kreis} + \frac{1}{2} O_{Kugel}$

   Die Oberfläche der Halbkugel besteht aus der kreisförmigen Schnittfläche A_{Kreis} und der halben Oberfläche O_{Kugel} der Vollkugel.

   $O = \pi r^2 + \frac{1}{2} \cdot 4\pi r^2$

   $O = \pi r^2 + 2\pi r^2$

   Die Vielfachen von πr^2 können zusammengefasst werden.

   $O = 3\pi r^2 \quad |:(3\pi)$

   $r^2 = \frac{O}{3\pi}$

   $r^2 = \frac{208,2}{3\pi} \quad |\sqrt{\ }$

   $r = \underline{\underline{4,7\ \text{cm}}}$

2. Berechne den Oberflächeninhalt einer Kugel mit Volumen $V = 53,0\ \text{mm}^3$.

   Lösung:
   Berechnung des Radius r:

   $V = \frac{4}{3}\pi r^3 \quad \left| \cdot \frac{3}{4\pi} \right.$

   $r^3 = \frac{3 \cdot V}{4\pi}$

   $r^3 = \frac{3 \cdot 53,0}{4\pi} \quad |\sqrt[3]{\ }$

   $r = \underline{2,33\ \text{mm}}$

   Berechnung des Oberflächeninhalts O:
   $O = 4\pi r^2 = 4\pi \cdot 2,33^2 = \underline{\underline{68,2\ \text{mm}^2}}$ (alternativ: $\underline{\underline{O = 0,7\ \text{cm}^2}}$)

Aufgaben

90 Kristof will Bowle machen. Er hat eine halbkugelförmige Schüssel mit einem Durchmesser von 25 cm. Passen fünf Liter Bowle hinein?

91 Ein Set aus sechs runden Christbaumkugeln (∅ 8,0 cm) soll bemalt werden. Für wie viel Fläche muss Farbe vorhanden sein?

Zusammengesetzte und ausgehöhlte Körper

Merke

Zusammengesetzte Körper

Volumen:

Einzelvolumina addieren:

$V = V_1 + V_2 + \ldots$

Oberflächeninhalt:

- Summe der Körperoberflächen **abzüglich doppelter Kontaktfläche**:
  $O = O_1 + O_2 - 2 \cdot A_{Kontakt}$
- Summe der begrenzenden Einzelflächen:
  $O = A_1 + A_2 + \ldots$

Ausgehöhlte Körper

Volumen:

Volumen des Außenkörpers (V_1) abzüglich der „Aushöhlung" (V_2):

$V = V_1 - V_2$

Oberflächeninhalt:

- Summe der Körperoberflächen **abzüglich doppelter Fläche**, die vom Außenkörper entfernt wurde:
  $O = O_1 + O_2 - 2 \cdot A_{Fläche}$
- Summe der begrenzenden Einzelflächen:
  $O = A_1 + A_2 + \ldots$

Beispiele

1. Auf einem Zylinder befindet sich ein Kegel mit gleichem Radius und halber Höhe.
   Es gilt:
   $r = 3{,}8$ cm
   $h_Z = 4{,}2$ cm
   $h_K = 2{,}1$ cm
   Berechne das Volumen des Gesamtkörpers.

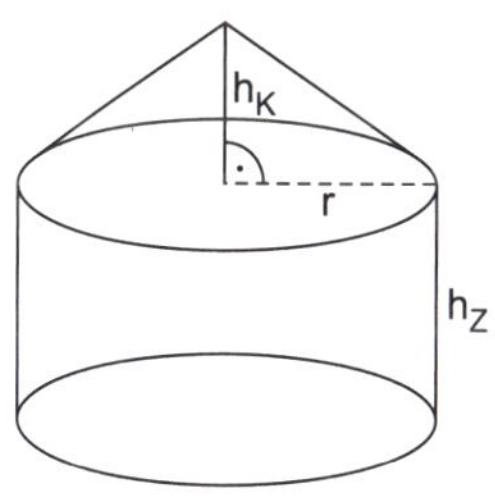

Lösung:

$V = V_1 + V_2$

$V = \pi r^2 h_Z + \frac{1}{3} \pi r^2 h_K$

$V = \pi \cdot 3{,}8^2 \cdot 4{,}2 + \frac{1}{3} \pi \cdot 3{,}8^2 \cdot 2{,}1$

$V = \underline{\underline{222{,}3 \text{ cm}^3}}$

Das Volumen ergibt sich aus der Addition der Einzelvolumina.

Die Formeln müssen (bei h) mit einem Index versehen werden.

2. Aus einem Zylinder wurde ein Kegel mit gleichem Radius ausgeschnitten. Es gilt:
   $r = 3$ cm
   $h_Z = 5$ cm
   $h_K = 4$ cm
   Berechne den Oberflächeninhalt des Körpers.

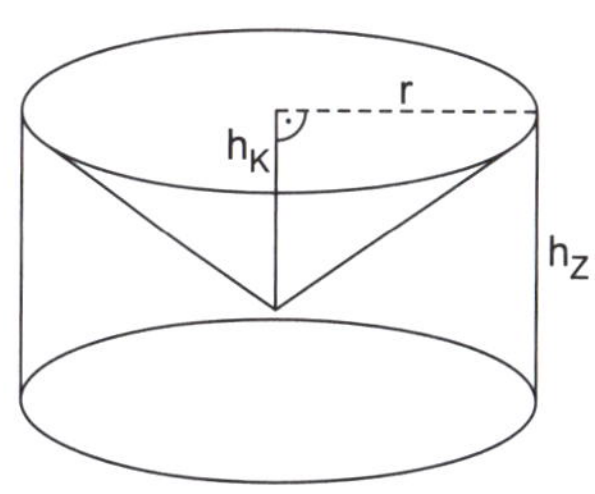

Lösung:
Berechnung von Seitenkante s:

$s^2 = h_K{}^2 + r^2$
$s^2 = 4^2 + 3^2$
$s^2 = 16 + 9 \quad |\sqrt{\ }$
$s = \underline{5\text{ cm}}$

Berechnung des Oberflächeninhalts O:

$O = G_Z + M_Z + M_K$
$O = \pi r^2 + 2\pi r h_Z + \pi r s$
$O = \pi \cdot 3^2 + 2\pi \cdot 3 \cdot 5 + \pi \cdot 3 \cdot 5$
$O = 9\pi + 30\pi + 15\pi$
$O = 54\pi$
$O = \underline{\underline{169{,}6\text{ cm}^3}}$

Der Oberflächeninhalt des ausgehöhlten Körpers ergibt sich als Summe aus dem Grund- und Mantelflächeninhalt des Zylinders sowie dem Mantelflächeninhalt des Kegels (begrenzende Einzelflächen). Alternativ könnte man die Oberflächeninhalte von Zylinder und Kegel addieren und den Inhalt der Deckfläche des Zylinders zweimal abziehen:
$O = O_Z + O_K - 2 \cdot G_Z$

3. Aus einem Zylinder mit Radius r = 3,8 cm wird eine Halbkugel mit gleichem Radius r ausgehöhlt. Die Oberfläche dieses Körpers beträgt $O = 265{,}0\text{ cm}^2$. Berechne das Volumen des Körpers.

Lösung:
Berechnung der Zylinderhöhe h:

$O = G_Z + M_Z + \frac{1}{2} O_{Kugel}$
$O = \pi r^2 + 2\pi r h + \frac{1}{2} \cdot 4\pi r^2$
$O = 3\pi r^2 + 2\pi r h \quad | -3\pi r^2$
$2\pi r h = O - 3\pi r^2 \quad | : (2\pi r)$
$h = \frac{O - 3\pi r^2}{2\pi r}$
$h = \frac{265{,}0 - 3\pi \cdot 3{,}8^2}{2\pi \cdot 3{,}8}$
$h = \underline{5{,}40\text{ cm}}$

Die Oberfläche setzt sich zusammen aus der Grundfläche und dem Mantel des Zylinders sowie dem Mantel der Halbkugel, welcher der halben Oberfläche der Vollkugel entspricht.

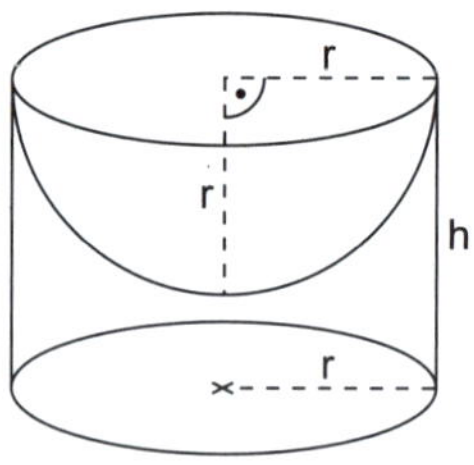

Berechnung des Volumens V:

$V = V_Z - \frac{1}{2} V_{Kugel}$
$V = \pi r^2 h - \frac{1}{2} \cdot \frac{4}{3} \pi r^3$
$V = \pi \cdot 3{,}8^2 \cdot 5{,}40 - \frac{2}{3} \pi \cdot 3{,}8^3$
$V = \underline{\underline{130{,}0\text{ cm}^3}}$

Aufgaben

92 Aus einem Zylinder wird ein Kegel mit gleichem Radius ausgehöhlt. Für den Restkörper gilt:
$h_Z = 5{,}2$ cm
$h_K = 4{,}2$ cm
$V = 114{,}7\ cm^3$
Berechne den Radius des Restkörpers.

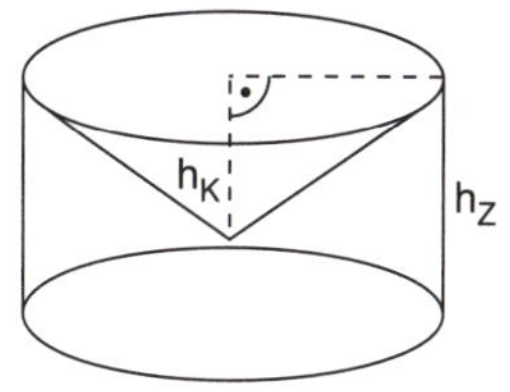

93 Auf einer Halbkugel befindet sich ein Kegel mit gleichem Radius, dessen Höhe dem Durchmesser der Kreisfläche entspricht. Das Volumen des Gesamtkörpers beträgt $V = 57{,}9\ cm^3$.
Berechne den Radius der Figur.

94 Ein Tank besteht aus einem quaderförmigen Mittelteil und zwei halben Zylindern.
Berechne die Länge b des Tanks, wenn er 4 000 Liter fassen soll.

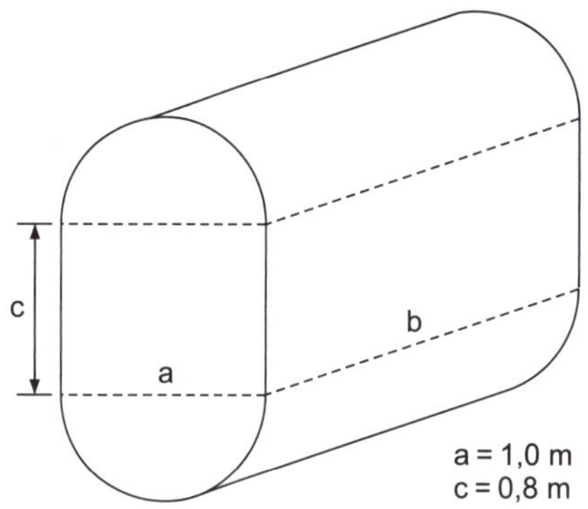

95 Ein Prisma hat als Grundfläche ein gleichseitiges Dreieck mit der Kantenlänge $a = 4{,}5$ cm. Die Höhe des Prismas beträgt $h = 18$ cm.

a) Berechne das Volumen des Prismas.
b) Das Prisma wird gekippt und an die **beiden** Dreiecksflächen werden Kegelhälften angesetzt.
Um wie viel Prozent ändert sich dadurch das Volumen?

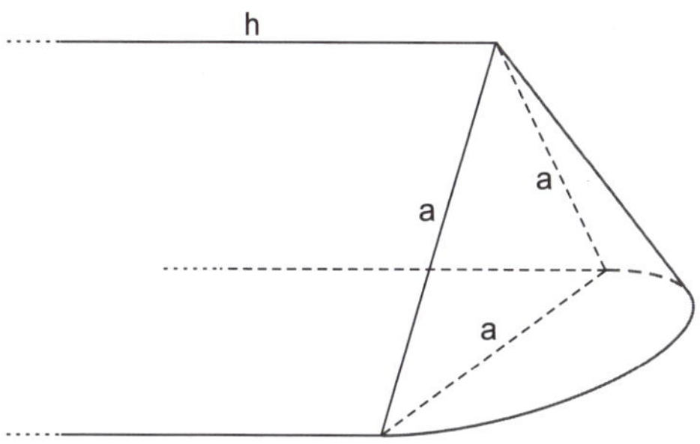

4.8 Vermischte Aufgaben

96 Im Fünfeck ABCDE gilt:
$\overline{BC} = 3{,}6\ \text{cm}$
$\beta_2 = 35{,}4°$
$A_{BCD} = 13{,}5\ \text{cm}^2$
β_1 ist halb so groß wie β_2.
Berechne den Flächeninhalt des Fünfecks ABCDE.

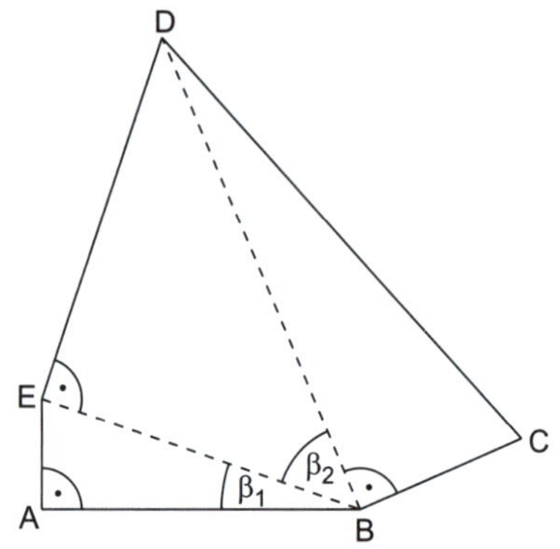

97 Aus einem Quadrat mit Seitenlänge $a = 12{,}0\ \text{cm}$ wird ein Viertelkreis ausgeschnitten, der den Mantel eines Kegels bildet.
Berechne das Volumen des Kegels.

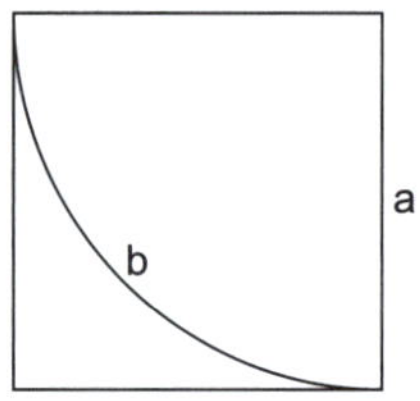

98 In einem Würfel der Kantenlänge $a = 6{,}0\ \text{cm}$ befinden sich die eingezeichneten Strecken und der Winkel α. Die Strecke $\overline{AF}$ halbiert den Winkel α.
Berechne den Flächeninhalt des Dreiecks AFE.

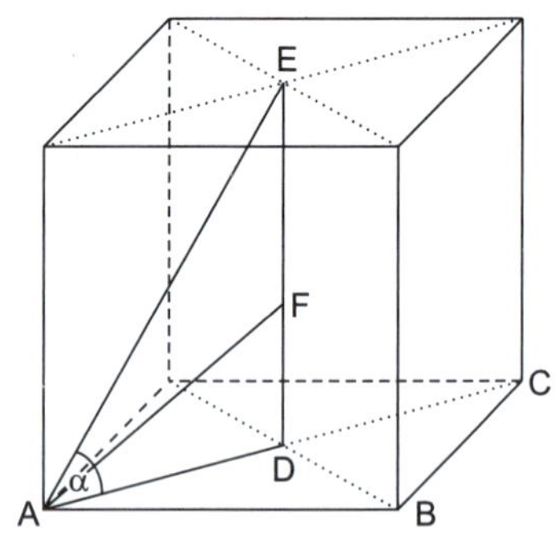

99 Die Oberfläche eines quadratischen Prismas mit Grundkantenlänge $a = 4{,}5\ \text{cm}$ beträgt $148{,}5\ \text{cm}^2$.
Um wie viel Prozent ändert sich die Oberfläche, wenn von dem Prisma die rechte vordere Ecke (entlang der rot eingezeichneten Linien) abgeschnitten wird?
(M befindet sich jeweils in der Mitte der entsprechenden Grundseite.)

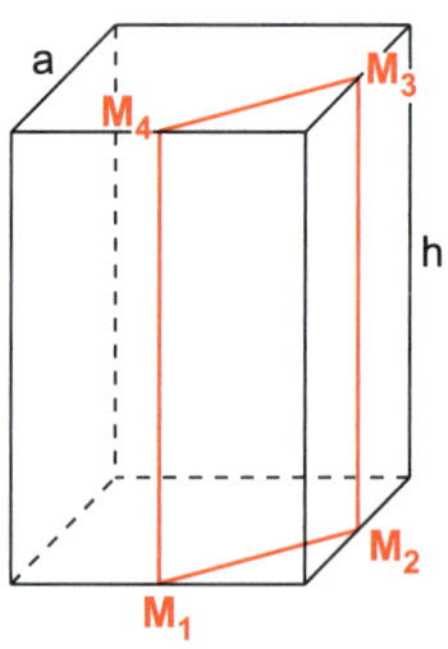

***100** Ein Kegel mit $r = 3{,}00\ \text{cm}$ und $h = 12{,}00\ \text{cm}$ soll durch einen Schnitt parallel zur Grundfläche in zwei volumengleiche Teile halbiert werden.
Welche Höhe hat der neue Kegel?

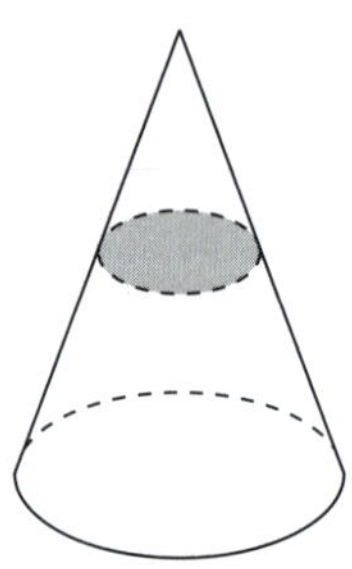

5 Einheitskreis und Sinusfunktion

Trägt man im Koordinatensystem einen Kreis mit Mittelpunkt O(0 | 0) und Radius 1 LE ein, kann man mit einem Punkt P auf der Kreislinie jeden Winkel darstellen. Der Winkel α entsteht zwischen der positiven x-Achse und der Linie von O(0 | 0) zu P. Zeichnet man die Koordinaten x und y von P ein (vom Ursprung ausgehend), ergibt sich immer ein rechtwinkliges Dreieck mit einer Hypotenuse der Länge 1 (Radius).

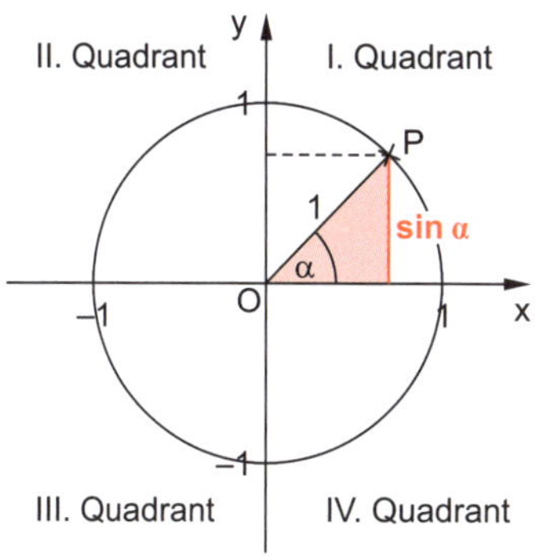

Dann gilt für $0° \leq \alpha \leq 90°$:

$$\sin \alpha = \frac{\text{Gegenkathete}}{\text{Hypotenuse}} = \frac{\text{Gegenkathete}}{1}$$

$$\sin \alpha = \text{Gegenkathete}$$

Der Sinus des Winkels α bzw. $\mathbf{\sin \alpha}$ (für $0° \leq \alpha \leq 90°$) ist also identisch mit der Gegenkathete des Dreiecks bzw. mit der **y-Koordinate des Punkts P**.
Dieses Prinzip kann man über 90° (d. h. über den ersten Quadranten) hinaus weiterführen (und auch für negative Winkel nutzen).
Dabei definiert man allgemein für $0° \leq \alpha \leq 360°$:
Die y-Koordinate des zugehörigen Punkts P auf dem Einheitskreis ist sin α.

Trägt man in ein anderes Koordinatensystem die Winkel auf der Rechtsachse an und die zugehörigen Sinuswerte als y-Koordinate, ergibt sich die **Sinuskurve** bzw. **Sinusfunktion** ($y = \sin \alpha$).

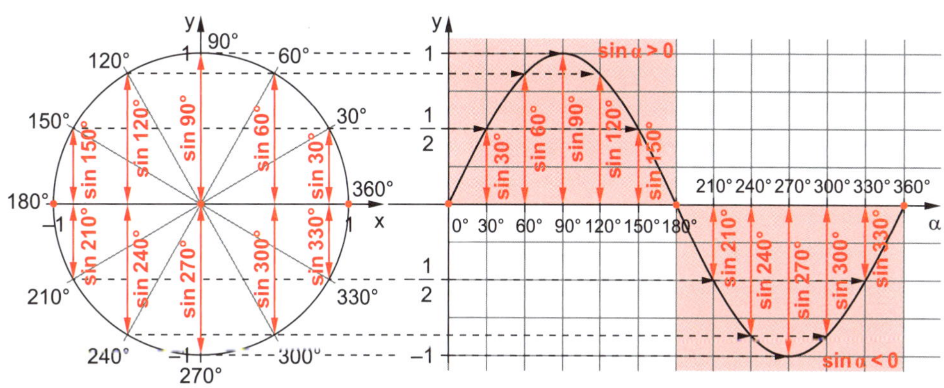

Diese Kurve ist in der Regel auch in der Parabelschablone enthalten. Die Winkel sind hier im Bogenmaß angegeben, es gilt $2\pi = 360°$.

Hinweis: Auch Kosinus und Tangens lassen sich am Einheitskreis ablesen und als Kurve darstellen, sie sind jedoch für die Abschlussprüfung nicht relevant.

Es ergeben sich verschiedene Zusammenhänge:

Merke

Eigenschaften der Sinusfunktion

Für die Sinusfunktion $f(\alpha) = \sin\alpha$ gilt (für $0° \leq \alpha \leq 360°$):

- $0° < \alpha < 180°$: $\sin\alpha > 0$ (Sinus positiv)
  $180° < \alpha < 360°$: $\sin\alpha < 0$ (Sinus negativ)
- Der **minimale Sinuswert** ist **–1**, der **maximale Sinuswert** ist **1**. Besondere Werte:

α	0°	30°	90°	150°	180°	210°	270°	330°	360°
$\sin\alpha$	0	$\frac{1}{2}$	1	$\frac{1}{2}$	0	$-\frac{1}{2}$	–1	$-\frac{1}{2}$	0

- In den Intervallen $0° \leq \alpha \leq 180°$ bzw. $180° \leq \alpha \leq 360°$ ist die Sinusfunktion symmetrisch zur Vertikalen durch 90° bzw. durch 270°. Winkel, die von diesen Vertikalen den gleichen Abstand haben, besitzen den gleichen Sinuswert.

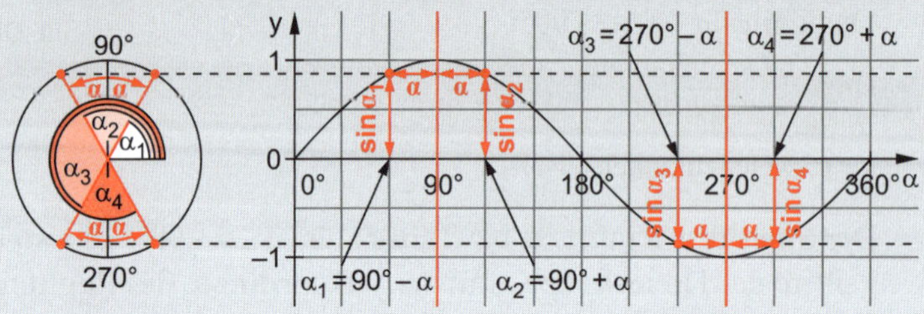

Demnach gilt:

$0° \leq \alpha \leq 90°$: $\sin(90° - \alpha) = \sin(90° + \alpha)$

$180° \leq \alpha \leq 360°$: $\sin(270° - \alpha) = \sin(270° + \alpha)$

Entsprechend gilt:
Zwei Winkel (≤ 180°), deren Summe 180° ergibt, haben den gleichen Sinuswert.
Zwei Winkel (≥ 180°), deren Summe 540° ergibt, haben den gleichen Sinuswert.

- In den Intervallen $0° \leq \alpha \leq 180°$ und $180° \leq \alpha \leq 360°$ haben die Sinuswerte zu Winkeln mit gleichem Abstand zu den Vertikalen durch 0° und 360° bzw. zur Vertikalen durch 180° den gleichen Betrag und unterscheiden sich nur im Vorzeichen.

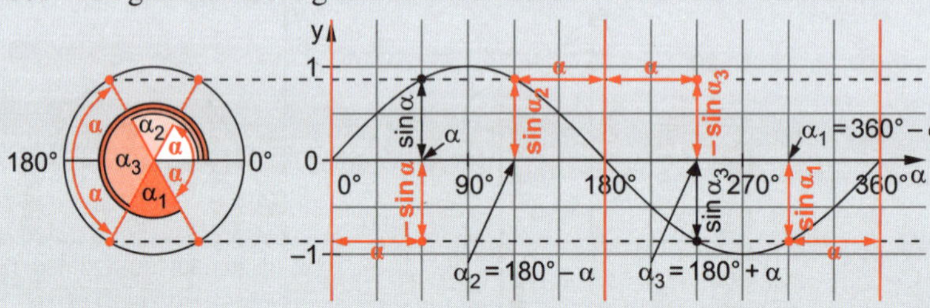

Demnach gilt:

$0° \leq \alpha \leq 360°$: $\sin(360° - \alpha) = -\sin\alpha$

$0° \leq \alpha \leq 180°$: $\sin(180° - \alpha) = -\sin(180° + \alpha)$

Zwei Winkel, deren Summe 360° ergibt, haben Sinuswerte, die nur im Vorzeichen differieren.

Beispiele

1. Nenne jeweils ein positives Winkelmaß, bei dem der Sinuswert identisch ist zu 23°, 49°, 197° und 255°.

Lösung:

$\sin 23° = \underline{\underline{\sin 157°}}$ — Beide Winkel sind 67° von 90° entfernt bzw. $180° - 23° = 157°$.

$\sin 49° = \underline{\underline{\sin 131°}}$ — Beide Winkel sind 41° von 90° entfernt bzw. $180° - 49° = 131°$.

$\sin 197° = \underline{\underline{\sin 343°}}$ — Beide Winkel sind 73° von 270° entfernt bzw. $540° - 197° = 343°$.

$\sin 255° = \underline{\underline{\sin 285°}}$ — Beide Winkel sind 15° von 270° entfernt bzw. $540° - 255° = 285°$.

2. Gegeben sind die Winkel 39°, 170° und 300°.
   a) Ist der Sinus der gegebenen Winkel positiv oder negativ?
   b) Gib für die gegebenen Winkel jeweils einen Winkel zwischen 0° und 360° an, bei dem der Sinuswert die Gegenzahl ergibt.

Lösung:

a) $0° < 39° < 180° \quad \Rightarrow \quad \underline{\sin 39° > 0}$
$0° < 170° < 180° \quad \Rightarrow \quad \underline{\sin 170° > 0}$
$180° < 300° < 360° \quad \Rightarrow \quad \underline{\sin 300° < 0}$

b) Wegen $360° - 39° = 321°$ gilt:
$\sin 39° = -\sin 321°$
Somit ist 321° der gesuchte Winkel zu 39°.

Beide Winkel sind 39° von 0° bzw. 360° entfernt.
Auch 219° wäre eine korrekte Lösung, da der Sinus von 219° und 321° gleich ist.

Wegen $360° - 170° = 190°$ gilt:
$\sin 170° = -\sin 190°$
Somit ist 190° der gesuchte Winkel zu 170°.

Beide Winkel sind 10° von 180° entfernt.
Auch 350° wäre eine korrekte Lösung.

Wegen $360° - 300° = 60°$ gilt:
$\sin 300° = -\sin 60°$
Somit ist 60° der gesuchte Winkel zu 300°.

Beide Winkel sind 60° von 0° bzw. 360° entfernt.
Auch 120° wäre eine korrekte Lösung.

Aufgaben

101 Fülle die Lücken aus. Verwende ggf. alternative Winkelmaße.

$\sin 36° = \sin \square$ $\quad\quad$ $\sin 270° = \square$ $\quad\quad$ $\sin \square = \sin 333°$

$\sin 5° = -\sin \square$ $\quad\quad$ $\sin(27° + \square) = 1$

102 Gib für die Winkel 30°, 111°, 189° und 260° im Einheitskreis an, in welchem Quadranten sie liegen und ob der Sinus positiv oder negativ ist.

103 Gib alle Winkel zwischen 0° und 360° an, für die der Sinus 0,5 oder −0,5 beträgt. Stelle mit den gefundenen Winkeln mindestens zwei korrekte Gleichungen der Form $\sin\alpha = \sin\beta$ oder $\sin\alpha = -\sin\beta$ auf.

104 Dargestellt ist ein Ausschnitt der Sinusfunktion.
Zeichne die Koordinatenachsen ein und beschrifte sie mit Einheiten und Werten.
(Alternativ kannst du die Funktion auch mit einer Schablone auf ein Papier zeichnen.)
Markiere einen Punkt, dessen y-Koordinate sin 135° entspricht.

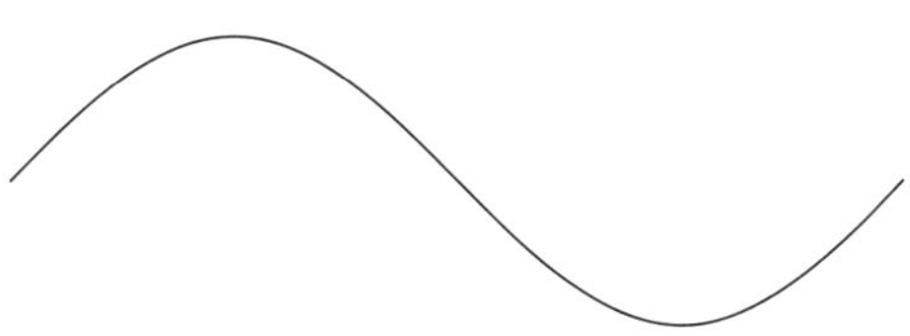

6 Regelmäßige Folgen – Muster

Merke

- Eine **regelmäßige Folge** ist eine Auflistung von durchnummerierten Objekten (z. B. Zahlen oder Mustern), die nach einem logischen Prinzip (Bildungsgesetz) gebildet wird. Sie lässt sich unendlich fortsetzen.
- Lässt sich jeder Position (n) in einer Folge ein Zahlenwert zuordnen (z. B. Anzahl der Bestandteile eines Musters), bieten sich folgende **3 Verfahren** zur Bestimmung des Werts zu (n) an:
  - **zeichnerische Bestimmung**: Insbesondere bei Mustern kann das Fortführen der Folge durch einfaches Zeichnen sinnvoll sein.
  - **rekursive Bestimmung**: Bestimmung der Art der Veränderung einer Zahl/eines Musters zum vorhergehenden Objekt und Schlussfolgern für das jeweils nächste Objekt
  - **explizite Bestimmung**: Angabe einer Zuordnungsvorschrift/Funktion, die einer Position (n) in der Folge den zugehörigen Wert s zuordnet

  Von oben nach unten werden die Verfahren anspruchsvoller, die Bestimmung des Werts vor allem für **große (n)** aber deutlich einfacher.

Beispiele

1. Aus Plättchen werden Figuren nach folgendem Schema gebildet.

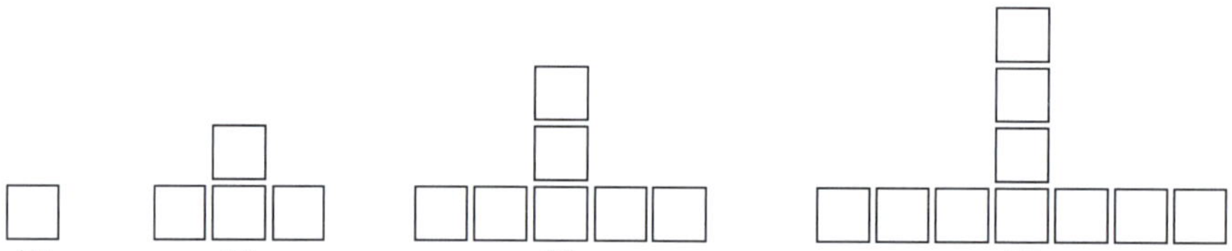

(1) (2) (3) (4)

a) Wie viele Plättchen hat die siebte Figur (7)?
b) Berechne die Anzahl der Plättchen der hundertsten Figur (100).

Lösung:

a) **Zeichnerische Bestimmung:**

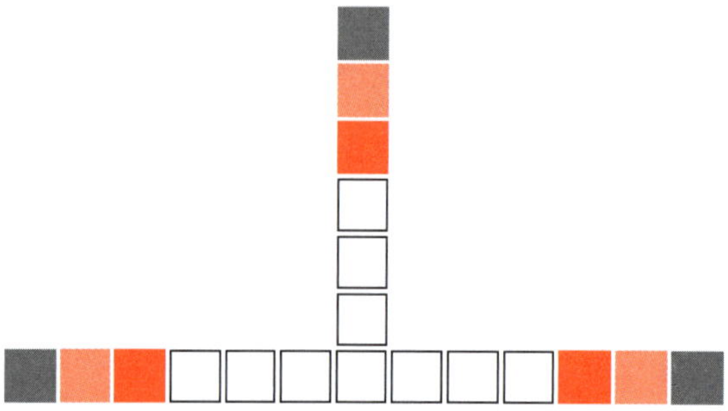

(5); (6); (7)

Für Figur (7) müssen in jede Richtung noch 3 Plättchen ergänzt werden – durch Abzählen erhält man 19 Plättchen.

A: Die Figur (7) hat 19 Plättchen.

Alternativ:

Rekursive Bestimmung:

(1) **1** Plättchen
 +3
(2) **4** Plättchen
 +3
(3) **7** Plättchen
 +3
(4) **10** Plättchen

Überlege, wie viele Plättchen von einem auf den nächsten Schritt ergänzt werden. Addiere dies zur vorhandenen Plättchenanzahl, bis Position (7) erreicht ist.

(5) **13** Plättchen ⟩ +3
(6) **16** Plättchen ⟩ +3
(7) **19** Plättchen ⟩ +3

A: Die Figur (7) hat 19 Plättchen.

Alternativ:

Explizite Bestimmung:

Der Startwert ist 1, es kommen immer 3 dazu. Es gilt:

für (2) $\rightarrow$ $s = 1 + \mathbf{1} \cdot 3$
für (3) $\rightarrow$ $s = 1 + \mathbf{2} \cdot 3$
für (4) $\rightarrow$ $s = 1 + \mathbf{3} \cdot 3$ usw.

Der Multiplikator vor 3 ist immer 1 niedriger als die Position, also gilt:

$$\boxed{\text{für (n)} \rightarrow s = 1 + (\mathbf{n-1}) \cdot 3}$$

Das kann sogar noch vereinfacht werden:

$$s = 1 + (n-1) \cdot 3 = 1 + 3n - 3 = \boxed{3n - 2}$$

Einsetzen von $n = 7$ in den Term $s = 1 + (n-1) \cdot 3$ oder $s = 3n - 2$:

$s = 1 + (7 - 1) \cdot 3$ *oder:* $s = 3 \cdot 7 - 2$
$s = 1 + 6 \cdot 3$ $\quad s = 21 - 2$
$s = 1 + 18$ $\quad s = \underline{\underline{19}}$
$s = \underline{\underline{19}}$

A: Die Figur (7) hat 19 Plättchen.

b) Einsetzen von $n = 100$ in den Term aus Teilaufgabe a:

$s = 1 + (100 - 1) \cdot 3 =$ *oder:* $s = 3 \cdot 100 - 2$
$s = 1 + 99 \cdot 3$ $\quad s = 300 - 2$
$s = 1 + 297$ $\quad s = \underline{\underline{298}}$
$s = \underline{\underline{298}}$

Eine zeichnerische oder rekursive Bestimmung wäre für $n = 100$ viel zu aufwendig.

2. Reichen 200 Plättchen, um Figur (14) legen zu können? Wie viele Plättchen bleiben übrig bzw. wie viele fehlen?

(1) (2) (3)

Lösung:

Zeichnerisch vorzugehen ist hier bereits sehr aufwendig und damit nicht ratsam. Für Figur (14) ergibt sich ein Quadrat mit 14 Plättchen Seitenlänge und damit insgesamt 196 Plättchen.

Rekursive Bestimmung:

(1) **1** Plättchen ⟩ +3
(2) **4** Plättchen ⟩ +5
(3) **9** Plättchen ⟩ +7
(4) **16** Plättchen ⟩ +9
…

Aus dem gegebenen Ausschnitt sowie der gedachten Fortsetzung für Figur (4) ergibt sich, dass immer 2 Plättchen mehr zusätzlich addiert werden, also erst +3, dann +5, +7, +9 usw.

Bildungsgesetz: Der Zuwachs beginnt bei 3 und erhöht sich mit jedem Schritt um 2.

Kürzer lässt sich das als Addition schreiben:

$1 + 3 + 5 + 7 + 9 + 11 + 13 + 15 + 17 + 19 + 21 + 23 + 25 + 27 =$ **<u>196</u> [Plättchen]**
(1) (2) (3) (4) (5) (6) (7) (8) (9) (10) (11) (12) (13) (14)

Die Zahlen darunter verdeutlichen, dass korrekt bis zur Position (14) der Folge addiert wurde.

A: Die 200 Plättchen reichen aus, es bleiben 4 übrig.

Alternativ:

Explizite Bestimmung:

Es entsteht jeweils ein Quadrat, die Seitenlänge entspricht dabei jeweils der Position (n). Daher gilt:

für (n) $\rightarrow$ $s = \mathbf{n^2}$

In diesem Fall ist die explizite Bestimmung leichter als die anderen Verfahren, denn bei der Plättchenanzahl handelt es sich um die Folge der Quadratzahlen.

An Position (14) sind daher $14^2 = \underline{196}$ Plättchen nötig.

A: Die 200 Plättchen reichen aus, es bleiben 4 übrig.

3. Die Figuren werden aus Streichhölzern gelegt.

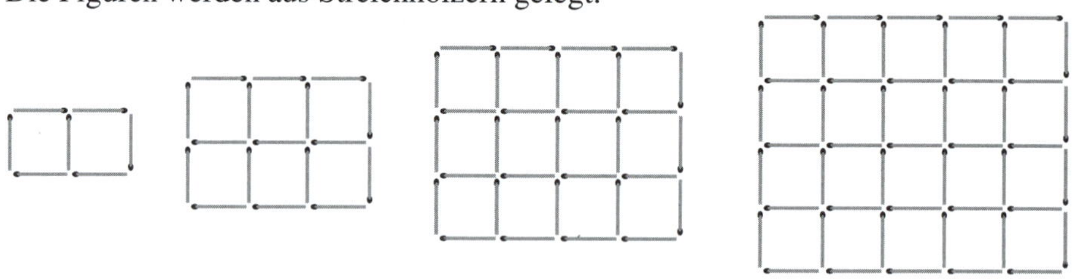

(1) (2) (3) (4)

a) Beschreibe, wie sich die Anzahl der Streichhölzer bestimmen lässt.

b) Nur zwei der vier angegebenen Terme geben die nötige Anzahl s der Streichhölzer für Muster (n) korrekt wieder. Welche?

$s = 2n^2 + 5n$ $s = 2n(n+2)+1$ $s = (n+1)^2 + n(n+2)$ $s = 10n - 3$

c) Welches Muster kann man mit 150 Streichhölzern noch legen?

Lösung:

a) (1) 7 Streichhölzer
(2) 17 Streichhölzer
(3) 31 Streichhölzer
(4) 49 Streichhölzer

(+10, +14, +18)

Die explizite Bestimmung wäre hier auch möglich, aber sehr schwer. Daher wird in der angegebenen Lösung von der rekursiven Bestimmung ausgegangen.

Bei der expliziten Bestimmung hilft es, zunächst nur die waagrechten Reihen zu betrachten und die Anzahl Reihen sowie die Anzahl Streichhölzer pro Reihe auf die Position zu beziehen. Anschließend ist natürlich das Gleiche für die Spalten durchzuführen. (Die Ausführung erfolgt hier nicht, da dies über das Niveau der Abschlussprüfung hinausgeht. Die Lösungen sind jedoch bei b zu finden.)

A: Der Zuwachs beginnt bei 10 und erhöht sich pro Schritt um 4.

b) Durch Einsetzen lassen sich die Terme prüfen:

n	$s=2n^2+5n$	$s=2n(n+2)+1$	$s=(n+1)^2+n(n+2)$	$s=10n-3$
1	7 ✓	7 ✓	7 ✓	7 ✓
2	18 ×	17 ✓	17 ✓	17 ✓
3		31 ✓	31 ✓	27 ×
4		49 ✓	49 ✓	

Es ist unnötig, in Spalte 1 und 4 weiterzurechnen. Das erste falsche Ergebnis macht bereits klar, dass die Formel nicht passt.

Der erste und der vierte Term liefern falsche Anzahlen, demnach geben der zweite und dritte Term die Anzahlen richtig wieder.

c) Die Lösung ist rekursiv (Ergebnis aus a) oder explizit (richtige Formel aus b) möglich.

Rekursive Bestimmung:

Figur (6) besteht aus
$7+10+14+18+22+26=97$ Streichhölzern.
Figur (7) besteht aus $97+30=127$ Streichhölzern.
Figur (8) besteht aus $127+34=161$ Streichhölzern.

Schätze, für welches n Figur (n) 150 Streichhölzer haben könnte, und berechne. Liegst du zu hoch, fahre mit einer Vorgängerfigur fort, sonst mit einer Nachfolgerfigur.

Alternativ:

Explizite Bestimmung:

Lösung mit der Formel $2n(n+2)+1$ aus Teilaufgabe b:
Figur (6) besteht aus $2\cdot 6\cdot (6+2)+1=97$ Streichhölzern.
Figur (7) besteht aus $2\cdot 7\cdot (7+2)+1=127$ Streichhölzern.
Figur (8) besteht aus $2\cdot 8\cdot (8+2)+1=161$ Streichhölzern. (> 150)

A: Muster (7) kann noch gelegt werden – dabei bleiben 23 Streichhölzer übrig.

Aufgaben

105 Erhan legt Rechtecke mit Plättchen nach folgendem Prinzip:

(1) (2) (3)

a) Emma behauptet: „Für das 6. Muster brauchst du 30 Plättchen.“
Hat sie recht? Begründe deine Antwort.

b) Nur eine der folgenden Formeln passt zur Berechnung der Anzahl Plättchen für jede Position. Welche?

$s=n^2+1$ $s=3(n-1)$ $s=n^2+n$

106 Das Punktemuster wächst entsprechend der Darstellung an.
Aus wie vielen Punkten besteht die Figur (11)?

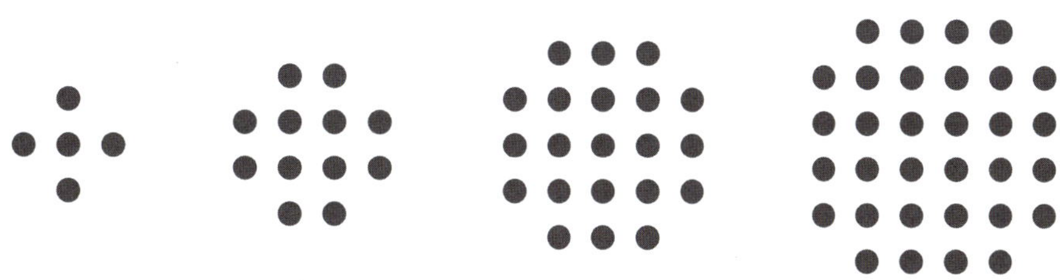

(1) (2) (3) (4)

107 Es stehen 60 Plättchen zur Verfügung. Welche Figur kann man damit maximal legen?

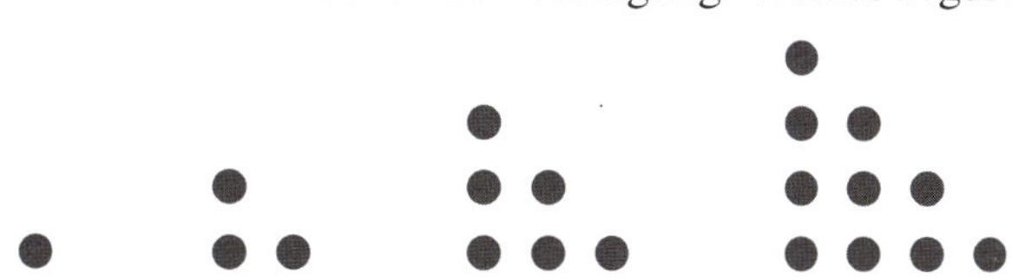

(1) (2) (3) (4)

108 Theodora legt immer größere regelmäßige Fünfecke mit Stäbchen.

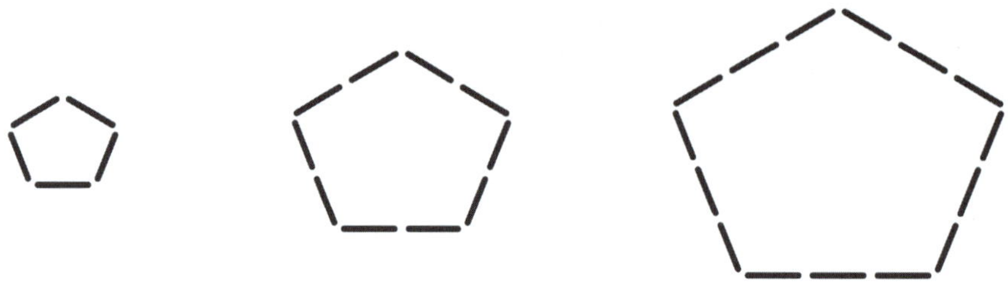

(1) (2) (3)

a) Stelle einen Term für die Anzahl benötigter Stäbchen für das n-te Muster auf.

b) Wie viele Stäbchen würde man für das 20. Muster brauchen?

109 Die folgenden Figuren werden aus Streichhölzern gelegt.

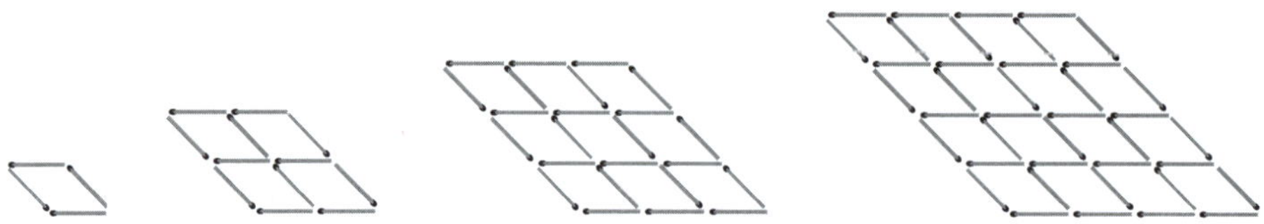

(1) (2) (3) (4)

a) Wie viele Streichhölzer benötigt man für Figur (15)?

b) Ein Term berechnet die Anzahl Streichhölzer für das n-te Muster korrekt. Welcher?

$s = 2n(n+1)$ $s = 2(n+1)$ $s = n(n+2)$ $s = n^2 + 3n$

7 Sachrechnen

Beim Sachrechnen müssen Ergebnisse in der Regel interpretiert oder Fragen zum Sachverhalt beantwortet werden. In solchen Fällen ist ein Antwortsatz in der Lösung zwingend erforderlich.
Oft ist es von Vorteil, die Größen zu benennen (mit Indizes) sowie die relevanten gegebenen und die gesuchten Größen herauszuschreiben.

Die Rundung der Endergebnisse erfolgt beim Sachrechnen nach Sinnhaftigkeit:
- Anzahlen von Personen, Autos etc. auf ganze Zahlen
- Geldwerte auf zwei Nachkommastellen
- Prozentsätze auf eine Nachkommastelle, Prozentfaktoren auf 3 Nachkommastellen!
- Zinssätze werden mitunter genauer angegeben, maximal jedoch mit 3 Nachkommastellen.

7.1 Prozentrechnung

Merke

Prozentangaben geben den relativen Anteil am Gesamten wieder, indem man es im Verhältnis zu einem einheitlichen Grundwert von 100 angibt. Sie lassen sich auch dezimal und als Bruch (mit Nenner 100) schreiben.

Es gilt: $p\,\% = \frac{W}{G}$ mit $p\,\% = \frac{p}{100}$

W wird manchmal auch mit P bezeichnet; da man P und p aber leicht durcheinanderbringt, ist davon abzuraten.

Bezeichnungen:
- **Prozentsatz p %:** der relative Anteil in % („von Hundert")
- **Prozentwert W:** der absolute Anteil
- **Grundwert G:** Die Bezugsgröße, zu der der Prozentwert ins Verhältnis gesetzt wird. In Angaben ist er oft an dem Wort „von" zu erkennen (z. B. 12 von 200 Karten).

Formeln der Prozentrechnung:

$p\,\% = \frac{W}{G}$	$W = G \cdot p\,\%$	$G = \frac{W}{p\,\%}$
Grundformel	umgestellt nach W	umgestellt nach G

Tipp

Zur Darstellung prozentualer Anteile werden häufig Kreisdiagramme und Prozentstreifen verwendet. Werden Entwicklungen dargestellt, nutzt man Balken- oder Liniendiagramme. Für die Aufgabe ist es in der Regel nötig, die relevanten Informationen aus einer Darstellung und/oder einem Text herauszulesen. Die Berechnung ist (meist) auch mit dem Dreisatz möglich; dieser Weg wird hier jedoch nicht verfolgt.

Beispiele

1. Wie viel sind 19 % von 360 kg?

   Lösung:

   Geg.: G = 360 kg;

   $p\,\% = 19\,\% = \frac{19}{100} = 0{,}19$

   Der Grundwert G ist leicht an „von" zu erkennen. Der Prozentsatz p ist durch die Angabe in % immer eindeutig. Zur Rechnung ist p % in einen Bruch oder in eine Dezimalzahl umzuwandeln. Alternativ kann die Prozenttaste des Taschenrechners verwendet werden.

   Ges.: W

   Damit ist W gesucht.

   Berechnung des Prozentwerts W:

   $W = G \cdot p\,\% = 360 \cdot 0{,}19 = \underline{\underline{68{,}4\text{ kg}}}$

   A: 19 % von 360 kg sind 68,4 kg.

2. Antonia sagt: „Einer Tankfüllung von 12 % entsprechen 78 ℓ.“
Welches Fassungsvermögen hat der Tank?

Lösung:

Geg.: $W = 78\ \ell$;

$p\,\% = 12\,\% = \frac{12}{100} = 0{,}12$

Hier sind der relative und der absolute Anteil gegeben. Dies kann man im Text an einer Art Gleichsetzung (hier: „entsprechen“) erkennen.

Ges.: G

Berechnung des Grundwerts G:

$G = \frac{W}{p\,\%} = \frac{78}{0{,}12} = \underline{\underline{650\ \ell}}$

A: Der Tank hat ein Fassungsvermögen von 650 ℓ.

3. Eine Fläche von 250 m² wird um 20 m² verringert.
Wie viel Prozent der Fläche verbleiben?

Lösung:

Geg.: $G = 250\ m^2$;
$W = 250\ m^2 - 20\ m^2 = 230\ m^2$

Welche Größe gesucht ist, geht deutlich aus der Frage hervor (p). Allerdings wird nach der *verbleibenden* Fläche gefragt, demnach ist W nicht 20 m², sondern das, was nach der Verringerung noch übrig bleibt!

Ges.: p

Berechnung des Prozentsatzes p:

$p\,\% = \frac{W}{G} = \frac{230}{250} = 0{,}92 = \underline{\underline{92\,\%}}$

A: Es bleiben 92 % der ursprünglichen Fläche übrig.

4. Für die im Diagramm dargestellte Umfrage wurden 1 131 Personen befragt.
Welche Schlagzeilen sind falsch? Begründe.
a) Jeder Dritte liebt Vanilleeis
b) Eis: Jeder Achte mag es sauer
c) Mehr als die Hälfte steht nicht mehr auf die klassischen Eissorten Vanille, Schokolade und Erdbeere

Das Lieblingseis der Deutschen

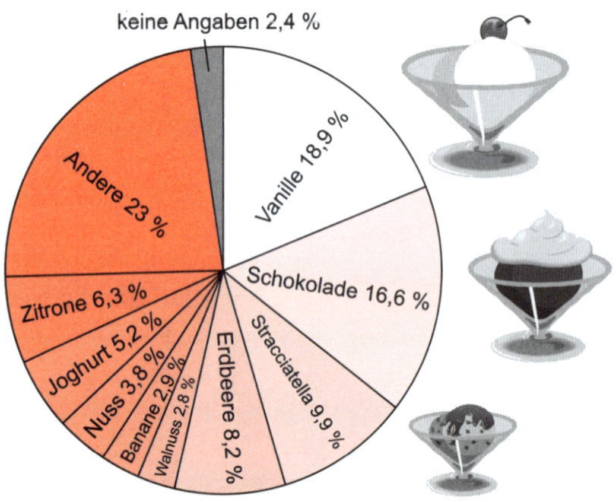

Quelle: Daten nach https://www.worldsoffood.de

Lösung:

Diese Aufgabe zeigt unter anderem, wie man aus Angaben in Texten die entsprechenden Prozentwerte gewinnt.

a) „Jeder Dritte“ bedeutet:
$\frac{1}{3} = 0{,}\overline{3} = \underline{33{,}3\,\%}$
Die Aussage stimmt nicht, denn laut Umfrage ist nur bei 18,9 % Vanille die Lieblingseissorte.

b) „Jeder Achte“ bedeutet $\frac{1}{8} = 0{,}125 = \underline{12{,}5\,\%}$.
Das einzige saure Eis ist Zitrone mit 6,3 %, die Aussage stimmt also nicht.

c) Die klassischen Eissorten mögen 18,9 % + 16,6 % + 8,2 % = 43,7 %. Demnach bevorzugen 100 % − 43,7 % = 56,3 % andere Eissorten oder haben keine Angaben gemacht. Die Aussage stimmt.

Aufgaben

110

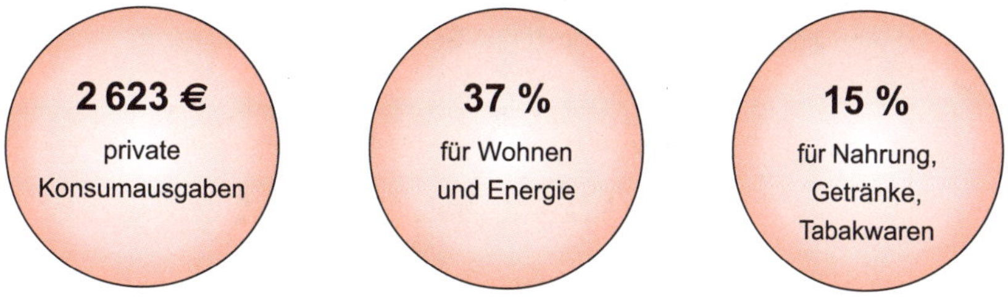

Quelle: https://www.destatis.de/DE/Themen/Gesellschaft-Umwelt/Einkommen-Konsum-Lebensbedingungen/Konsumausgaben-Lebenshaltungskosten/_inhalt.html

a) Die Darstellung zeigt die durchschnittlichen monatlichen Konsumausgaben eines Deutschen für das Jahr 2021.
Wie viel Geld gibt ein Deutscher für Wohnen und Energie bzw. für Nahrung, Getränke und Tabakwaren durchschnittlich aus?

b) 2020 gaben die Deutschen im Schnitt monatlich 387 € für Nahrung, Getränke und Tabakwaren aus – das waren 15,4 % der privaten Konsumausgaben.
Wie haben sich die privaten Konsumausgaben von 2020 auf 2021 verändert?

111

Altersverteilung der Lehrkräfte 2020/21

in % an allgemeinbildenden Schulen, insgesamt 701 988

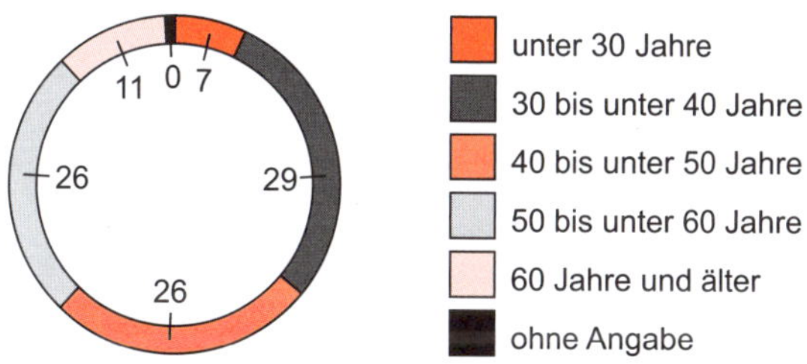

Rundungsbedingte Abweichung möglich

Quelle: Statistisches Bundesamt (Destatis), 2022

a) Juri erstellt zu den obigen Angaben des statistischen Bundesamts ein Säulendiagramm. Hat er Fehler gemacht? Berichtige gegebenenfalls.

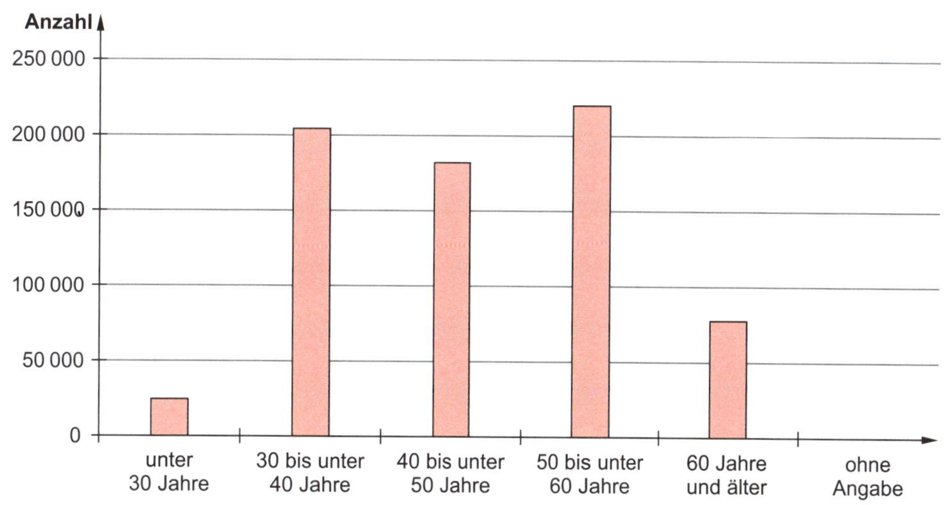

b) An einer Realschule sind 45 Lehrer*innen tätig.
Berechne, wie viele Lehrer*innen jeweils auf die in der Grafik aufgeführten Altersklassen entfallen, wenn die Altersverteilung der Schule genau dem Durchschnitt entspricht.

112

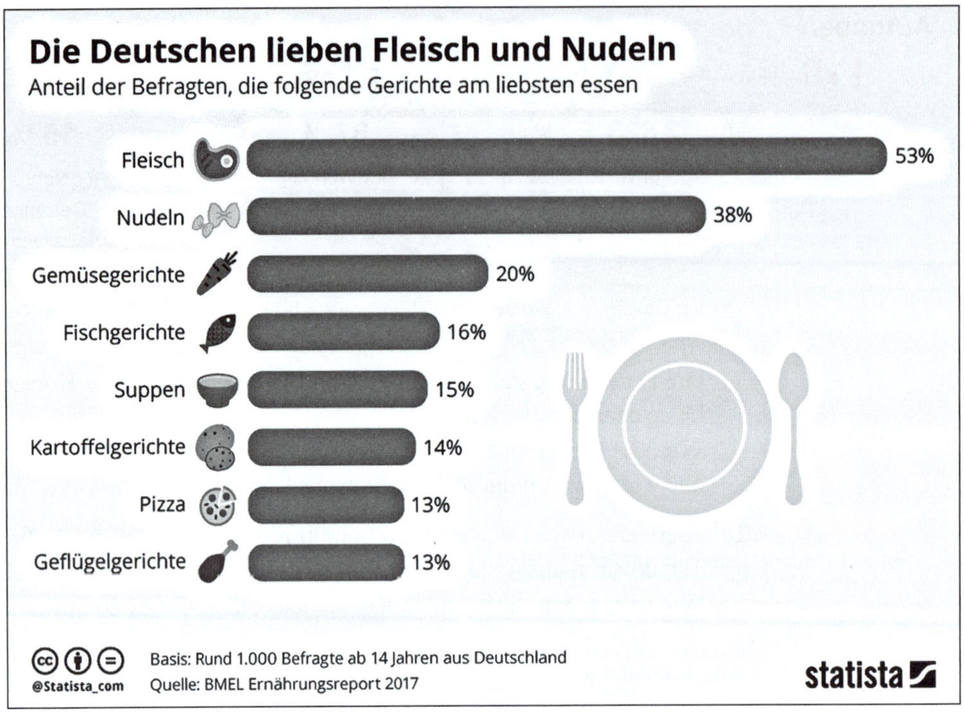

a) Angenommen, bei der Umfrage gab es nur die gezeigten Auswahlmöglichkeiten und jeder musste mindestens ein Kreuz setzen, wobei maximal 2 Kreuze erlaubt waren. Wie viele Befragte haben zweimal angekreuzt?

b) 20,1 % der Fischgericht-Liebhaber essen am liebsten Alaska-Seelachsfilet. Wie viele der Befragten sind das?

113 **Straßenverkehrsunfälle**

Unfallkategorie/Ortslage	2020	2021
insgesamt	**2 245 245**	**2 314 938**
davon		
nur mit Sachschaden	1 980 746	2 055 951
mit Personenschaden	264 499	258 987
davon		
innerorts	183 412	176 948
außerorts ohne Autobahn	65 850	65 632
auf Autobahnen	15 237	16 407

Quelle: https://www.destatis.de/DE/Themen/Gesellschaft-Umwelt/Verkehrsunfaelle/Tabellen/polizeilich-erfasste-unfaelle.html

a) Bestimme die prozentualen Anteile der Unfälle mit Personenschaden an den Unfällen insgesamt für die Jahre 2020 und 2021. Vergleiche.

b) Wie viele Sachschadenfälle mehr gibt es 2021 im Vergleich zum Vorjahr? Welchem Prozentsatz entspricht diese Veränderung gegenüber 2020?

c) Beurteile die Aussage „Über 70 % der Unfälle mit Personenschäden ereignen sich innerorts“ in Bezug auf das Jahr 2021.

7.2 Vermehrter und verminderter Grundwert

Merke

Die **Veränderung eines Wertes** (Preis, Gewicht …) wird häufig in Prozent (p %) angegeben. Es kann sich um eine **Vermehrung** (Zunahme, Mehrwertsteuer …) mit $p\,\% > 0$ oder eine **Verminderung** (Abnahme, Rabatt, Skonto …) mit $p\,\% < 0$ handeln.

Zur Berechnung des **vermehrten/verminderten Grundwerts G'** wird der **Prozentfaktor q** mit $q = 1 + \frac{p}{100}$ bestimmt.

Formeln für den veränderten Grundwert G' (auch G^+/G^-):

$G' = G \cdot q$	$G = \frac{G'}{q}$	$q = \frac{G'}{G}$
Grundformel	umgestellt nach G	umgestellt nach q

Der Grundwert kann auch mehrmals verändert und mit $G' = G \cdot q_1 \cdot q_2 \cdot \ldots$ berechnet werden. Auch die Gesamtveränderung selbst kann mit $q = q_1 \cdot q_2 \cdot \ldots$ bestimmt werden.

Beispiele

1. Das folgende Streifendiagramm gibt Aufschluss über die Schwere der Verletzungen, die Fahrradfahrer*innen bei Verkehrsunfällen in einem Jahr davontrugen.

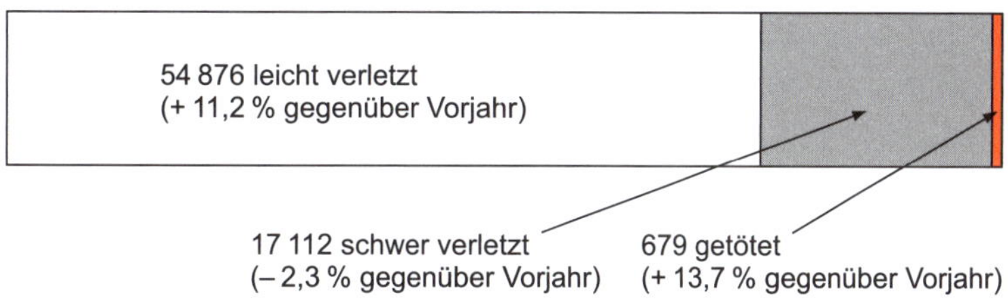

a) Berechne, wie viele Fahrradfahrer*innen im Vorjahr verunglückten.
b) Um wie viel Prozent hat sich die Anzahl der Unfälle (insgesamt) verändert?

Lösung:

a) Geg.:

$$G'_L = 54\,876;\; p_L\,\% = 11{,}2\,\% \;\Rightarrow\; q_L = 1 + \frac{p_L}{100} = 1 + \frac{11{,}2}{100} = 1 + 0{,}112 = 1{,}112$$

$$G'_S = 17\,112;\; p_S\,\% = -2{,}3\,\% \;\Rightarrow\; q_S = 1 + \frac{p_S}{100} = 1 + \frac{-2{,}3}{100} = 1 - 0{,}023 = 0{,}977$$

$$G'_G = 679;\; p_G\,\% = 13{,}7\,\% \;\Rightarrow\; q_G = 1 + \frac{p_G}{100} = 1 + \frac{13{,}7}{100} = 1 + 0{,}137 = 1{,}137$$

Ges.: G_L; G_S; G_G; G

Berechnung der Anzahl G_L Leichtverletzter im Vorjahr:

$$G_L = \frac{G'_L}{q_L} = \frac{54\,876}{1{,}112} = \underline{49\,349}$$

Das Ergebnis muss auf Ganze gerundet werden.

Berechnung der Anzahl G_S Schwerverletzter im Vorjahr:

$$G_S = \frac{G'_S}{q_S} = \frac{17\,112}{0{,}977} = \underline{17\,515}$$

Das Ergebnis muss auf Ganze gerundet werden.

Berechnung der Anzahl G_G Getöteter im Vorjahr:

$$G_G = \frac{G'_G}{q_G} = \frac{679}{1{,}137} = \underline{597}$$

Das Ergebnis muss auf Ganze gerundet werden.

Berechnung der Anzahl G verunglückter Fahrradfahrer*innen im Vorjahr:
$G = G_L + G_S + G_G = 49\,349 + 17\,515 + 597 = \underline{67\,461}$

b) Geg.: $G = 67\,461$
$G' = 54\,876 + 17\,112 + 679 = 72\,667$

Ges.: q bzw. p %

Berechnung der prozentualen Veränderung:

$$q = \frac{G'}{G} = \frac{72\,667}{67\,461} = 1{,}077 = \underline{107{,}7\ \%}$$

$$\Rightarrow \quad p\ \% = 107{,}7\ \% - 100\ \% = \underline{\underline{7{,}7\ \%}}$$

A: Es gab 7,7 % mehr Fahrradunfälle als im Vorjahr.

2. Das Diagramm zeigt die Teuerungsrate in Deutschland gegenüber dem Vormonat.

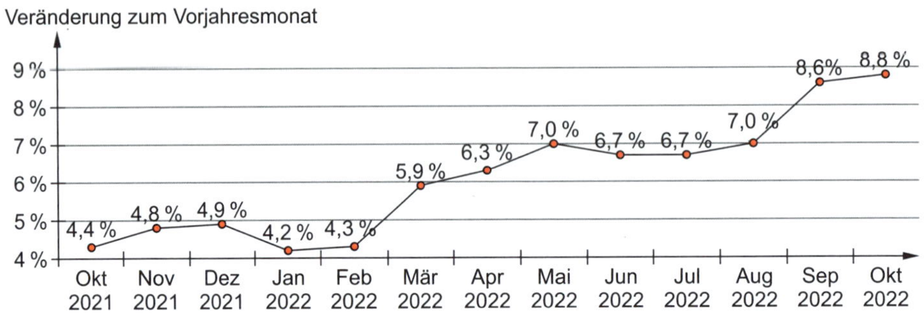

Quelle: https://www-genesis.destatis.de/genesis/online?operation=ergebnistabelleUmfang&levelindex =1&levelid=1686653474192&downloadname=61111 0002#abrcadcrumb

a) Um wie viel Prozent stiegen die Preise insgesamt von Juli bis Oktober 2022 (Preissteigerung ab August berücksichtigen)?
b) Was müsste der Bäcker für eine Breze, die im Juli 70 Cent gekostet hat, im Oktober verlangen, wenn er die Preise gemäß der Teuerungsrate angepasst hat?

Lösung:

a) Berechnung der einzelnen Prozentfaktoren:

Um die Gesamtveränderung zu berechnen, müssen immer die Prozentfaktoren berechnet und dann multipliziert werden. Mit dem Prozentsatz kommt man nicht (oder nur sehr umständlich) weiter.

$$q_{Aug} = 1 + \frac{7{,}0}{100} = \underline{1{,}07}$$

$$q_{Sep} = 1 + \frac{8{,}6}{100} = \underline{1{,}086}$$

$$q_{Okt} = 1 + \frac{8{,}8}{100} = \underline{1{,}088}$$

Berechnung von Prozentfaktor q_{Ges} und Prozentsatz p_{Ges}:

$q_{Ges} = q_{Aug} \cdot q_{Sep} \cdot q_{Okt}$

$q_{Ges} = 1{,}07 \cdot 1{,}086 \cdot 1{,}088$

$q_{Ges} = 1{,}264$

$q_{Ges} = \underline{126{,}4\ \%}$

$\Rightarrow \quad p_{Ges}\ \% = 126{,}4\ \% - 100\ \% = \underline{\underline{26{,}4\ \%}}$

q_{Ges} muss hier auf 3 Nachkommastellen gerundet werden, damit bei der Umrechnung in p_{Ges} % noch 1 Nachkommastelle übrig bleibt.

A: Die Preise stiegen insgesamt um 26,4 %.

b) Geg.: $G_{Breze} = 0{,}70$ €; $q_{Ges} = 1{,}264$ q_{Ges} wurde in Teilaufgabe a berechnet.

Ges.: G'_{Breze}

Berechnung des vermehrten Grundwerts G'_{Breze}:

$G'_{Breze} = G_{Breze} \cdot q_{Ges} = 0{,}7 \cdot 1{,}264 = \underline{\underline{0{,}88\text{ €}}}$

A: Der Bäcker müsste 88 Cent für eine Breze verlangen.

3. Herr Müller möchte sich eine Solaranlage kaufen. Sie kostet 17 000 € ohne 19 % Mehrwertsteuer. Der Verkäufer bietet ihm an, bei sofortiger Zahlung 5 % Rabatt auf den Preis mit Mehrwertsteuer zu erhalten. Mit welchem Kaufpreis muss er rechnen?

Lösung:

Geg.: $G = 17\,000$ €; $p_1\,\% = 19\,\%$; $p_2\,\% = -5\,\%$

Ges.: G"

Berechnung der Prozentfaktoren:

$q_1 = 1 + \frac{p_1}{100} = 1 + \frac{19}{100} = \underline{1{,}19}$

$q_2 = 1 + \frac{p_2}{100} = 1 + \frac{-5}{100} = \underline{0{,}95}$

Berechnung des Kaufpreises G":

$G'' = G \cdot q_1 \cdot q_2$

$G'' = 17\,000 \cdot 1{,}19 \cdot 0{,}95$

$G'' = \underline{\underline{19\,218{,}50\text{ €}}}$

Eine mögliche Lösung wäre, zuerst den Preis G' mit Mehrwertsteuer und davon ausgehend den rabattierten Preis G" auszurechnen. Da das Zwischenergebnis G' allerdings nicht verlangt ist, kann man den zweimal veränderten Grundwert G" auch direkt berechnen.
Die Grafik veranschaulicht das Vorgehen und den Gedankengang. Das Zwischenergebnis ist zur Kontrolle in eckigen Klammern angegeben.

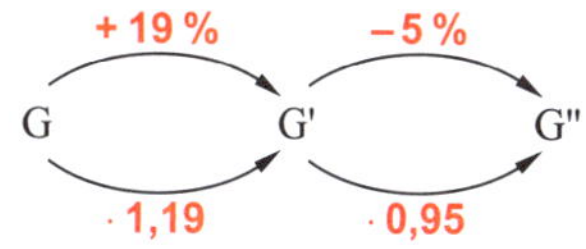

[G' = 20 230 €]

A: Herr Müller muss mit einem Kaufpreis von 19 218,50 € rechnen.

Aufgaben

114 Bestimme den Prozentfaktor q zu den angegebenen Veränderungen.

a) 20 % mehr
b) 12 % weniger
c) Steigerung um 2 %
d) 8 % Rabatt
e) Erhöhung um $\frac{1}{4}$ des Preises
f) 3 % Skonto
g) 19 % Mehrwertsteuer
h) Reduzierung um 50 %
i) Abnahme um 11 %
j) 12,3 % höher
k) 15 % Preisnachlass
l) 2 kaufen, 1 bezahlen

115 Ein T-Shirt kostet 22,50 €. Wie hoch ist der Preis ohne Mehrwertsteuer (19 %)?

116

Entwicklung der Zahl der im Straßenverkehr Getöteten

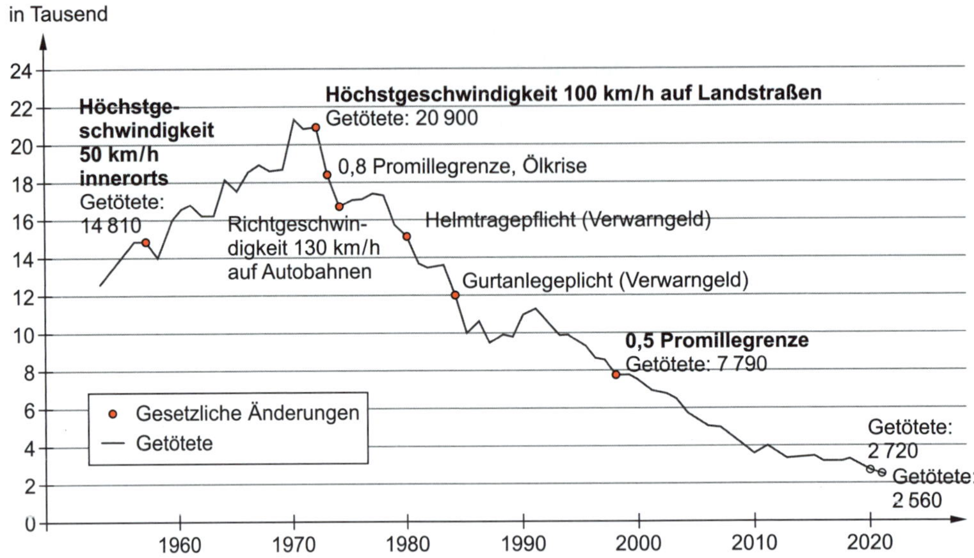

Quelle: Statistisches Bundesamt (Destatis), 2022

Die Grafik zeigt die Anzahl der Verkehrstoten seit 1953.
Um wie viel Prozent hat sich die Zahl der Verkehrstoten seit Einführung der Höchstgeschwindigkeit von 100 km/h auf Landstraßen (1972) bis zur Einführung der 0,5 Promillegrenze (1998) ungefähr reduziert?
Vergleiche mit der prozentualen Verringerung von 1998 bis 2020.
2021 gab es 2 560 Verkehrstote, 2020 waren es noch 2 720.
Wenn man davon ausgeht, dass die prozentuale Abnahme gleichgeblieben ist, welche Zahl Verkehrstoter wäre dann 2022 zu erwarten gewesen?

117

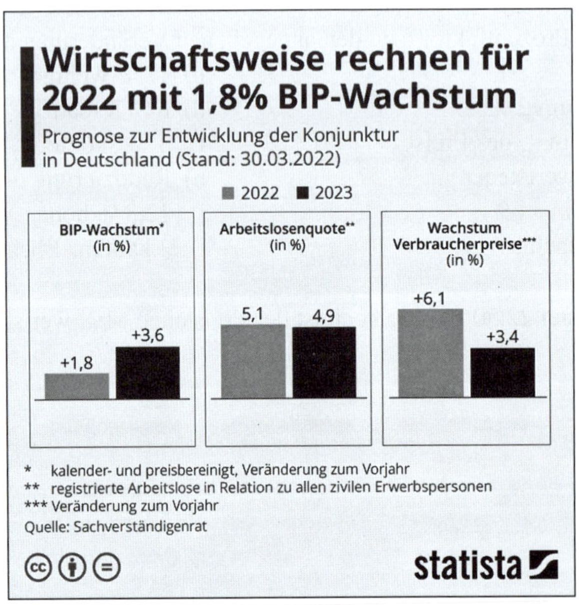

Um wie viel Prozent wachsen laut der Prognose das Bruttoinlandsprodukt (BIP) und die Verbraucherpreise in den Jahren 2022 und 2023 insgesamt?
Wie viel mehr Geld (in Euro) müsste eine Person mit 2 400 € Nettoeinkommen im Jahr 2021 zwei Jahre später (2023) verdienen, um den gleichen Lebensstandard halten zu können?

7.3 Zinsrechnung

Merke

Die Zinsrechnung entspricht der Prozentrechnung. Man verwendet jedoch andere Variablenbezeichnungen.
Es gilt:

$Z = K \cdot p\,\%$ mit $p\,\% = \frac{p}{100}$ (analog zu $W = G \cdot p\,\%$)

Bezeichnungen:

- **Zinsen Z:** die erhaltenen Zinsen (in €) (entspricht Prozentwert)
- **Kapital K:** das Kapital, auf das die Zinsen gezahlt werden (entspricht Grundwert)
- **Zinssatz p %:** der Zinssatz (in %) (entspricht Prozentsatz)

Formeln der Zinsrechnung:

$\mathbf{Z = K \cdot p\,\%}$	$\mathbf{K = \frac{Z}{p\,\%}}$	$\mathbf{p\,\% = \frac{Z}{K}}$
Grundformel	umgestellt nach K	umgestellt nach p %

Für $\mathbf{K_1}$, also das Kapital nach einem Jahr, gilt: $\mathbf{K_1 = K + Z}$

Beispiele

1. Herr Mayer legt 2 000 € bei einer Bank an und erhält 0,4 % Zinsen.
   Wie viele Zinsen erhält er nach einem Jahr?
   Welche Geldmenge kann er dann abheben?

   Lösung:
   Geg.: $K = 2\,000$ €; $p\,\% = 0{,}4\,\% = 0{,}004$
   Ges.: Z; K_1

   Berechnung der Zinsen Z nach einem Jahr:
   $Z = K \cdot p\,\% = 2\,000 \cdot 0{,}004 = \underline{\underline{8\text{ €}}}$

   Berechnung des Kapitals K_1 nach einem Jahr:
   $K_1 = K + Z = 2\,000 + 8 = \underline{\underline{2\,008\text{ €}}}$

   Diese einfache Rechnung könnte auch direkt in der Antwort untergebracht werden, um Schreibarbeit zu sparen.

   A: Herr Mayer erhält 8 € Zinsen und kann somit 2 008 € abheben.

2. Welchen Zinssatz bietet die Bank?

   Lassen Sie sich Geld schenken!
   111 € in einem Jahr*
   BANK
   *bei 12 000 € Startkapital

   Lösung:
   Geg.: $K = 12\,000$ €; $Z = 111$ €
   Ges.: $p\,\%$

   $p\,\% = \frac{Z}{K} = \frac{111}{12\,000} = \underline{0{,}00925}$

   $\Rightarrow \quad p = \underline{\underline{0{,}925\,\%}}$

   Das Ergebnis ist ein endlicher Dezimalbruch. Da Banken durchaus derartige Zinssätze angeben, wurde hier nicht gerundet. Bei mehr als drei Nachkommastellen sollte man aber runden.

   A: Die Bank bietet 0,925 % Zinsen.

Merke

Die direkte Berechnung des Kapitals nach einem Jahr ($\mathbf{K_1 = K + Z}$) entspricht der Berechnung des veränderten Grundwerts. Das **Anfangskapital** wird dann meist als **Startkapital $\mathbf{K_0}$** und **q** als **Zinsfaktor** bezeichnet.

Jahreszinsformel:

$\mathbf{K_1 = K_0 \cdot q}$ mit $q = 1 + \frac{p}{100}$ (analog zu $G' = G \cdot q$)

Zinsen werden immer pro Jahr angegeben. Werden Zinsen im Zeitraum von Monaten (m) oder Tagen (t) fällig, muss man mit einem entsprechenden Faktor multiplizieren. Dabei gilt das Bankjahr – es wird mit 12 Monaten je 30 Tagen, also 360 Tagen pro Jahr gerechnet.

Monatszinsformel:

$\mathbf{Z = K \cdot p\,\% \cdot \frac{m}{12}}$ (m: Zeit in Monaten)

Tageszinsformel:

$\mathbf{Z = K \cdot p\,\% \cdot \frac{t}{360}}$ (t: Zeit in Tagen)

Beispiel

Esmeralda legt einen Geldbetrag von 700 € an und kann nach 8 Monaten 704,11 € abheben.
Wie viel Prozent Zinsen hat sie erhalten?

Lösung:

Geg.: $K_8 = 704{,}11$ €; $K = 700$ €; $m = 8$
Ges.: p %

Berechnung der Zinsen Z nach 8 Monaten:

$Z = K_8 - K = 704{,}11 - 700 = \underline{4{,}11\text{ €}}$

Berechnung des Zinssatzes p:

$$Z = K \cdot p\,\% \cdot \frac{m}{12} \quad \Big| \cdot \frac{12}{K \cdot m}$$

$$p\,\% = \frac{Z \cdot 12}{K \cdot m}$$

$$p\,\% = \frac{4{,}11 \cdot 12}{700 \cdot 8}$$

$$p\,\% = \underline{0{,}0088}$$

$$p\,\% = \underline{\underline{0{,}88\,\%}}$$

Hier muss die Formel zur Berechnung von p % zunächst umgeformt werden.

A: Esmeralda hat 0,88 % Zinsen erhalten.

Aufgaben

118 Julian eröffnet zu Jahresbeginn ein Sparbuch und zahlt 250 € ein. Die Bank verspricht 0,8 % Zinsen.
Wie viel Geld hat Julian am Jahresende auf dem Konto?

119 Vergleiche die beiden Angebote für ein Startkapital von 3 200 € und einen Zeitraum von einem Jahr.

Anlage-Champ
0,9 % Zinsen in einem Jahr!

Geldprofi
0,5 % Zinsen in den ersten drei Monaten, danach das Doppelte!

***120** Maike hat ein Sparbuch mit 0,2 % Zinsen im aktuellen Jahr. Sie hebt den kompletten Geldbetrag nach 160 Tagen in diesem Jahr ab und erhält mit den anteiligen Zinsen 543,48 €.
Wie viel Geld hatte Maike zu Jahresbeginn auf dem Sparbuch?
Wie viele Zinsen hätte sie erhalten, wenn sie bis zum Jahresende gewartet hätte?

7.4 Zinseszinsen

Merke

Legt man Geld über mehrere Jahre fest an (Zuwachssparen), ist die Grundlage für die Zinsberechnung immer das Kapital zu Jahresbeginn, wobei diesem die Zinsen aus dem Vorjahr hinzugerechnet werden, d. h., bisher **erhaltene Zinsen werden mitverzinst**. Man spricht von **Zinseszins**.

Zinseszinsformel (mit veränderlichem Zinssatz):
Für das Endkapital K_n nach n Jahren gilt:

$$\mathbf{K_n = \underbrace{\underbrace{K_0 \cdot q_1}_{K_1} \cdot q_2}_{K_2} \cdot \ldots \cdot q_n} \quad \text{mit } q_i = 1 + \frac{p_i}{100}$$

Zinseszinsformel (fester Zinssatz):
Bleibt der Zinssatz über n Jahre gleich (d. h. $q_1 = q_2 = \ldots = q_n$), gilt mit $q = 1 + \frac{p}{100}$:

$K_n = K_0 \cdot q^n$

Diese Formel kann durch Umformen ebenfalls zur Berechnung von K_0 und q verwendet werden:

Grundformel	umgestellt nach K_0	umgestellt nach q
$\mathbf{K_n = K_0 \cdot q^n}$	$\mathbf{K_0 = \frac{K_n}{q^n}}$	$\mathbf{q = \sqrt[n]{\frac{K_n}{K_0}}}$

(Die Berechnung von n ist nicht Teil des Prüfungsstoffs; dazu benötigt man die Rechenart „Logarithmus".)

Beispiele

1. Keith legt 25 000 € zu einem Zinssatz von 0,4 % an.
   Wie viel Geld kann er nach 3 Jahren abheben?

   Lösung:

   Geg.: $K_0 = 25\,000$ €; $n = 3$;
   $p\,\% = 0{,}4\,\% \Rightarrow q = 1 + \frac{0{,}4}{100} = 1{,}004$

   Ges.: K_3

   $K_n = K_0 \cdot q^n$
   $K_3 = 25\,000 \cdot 1{,}004^3$
   $K_3 = \underline{\underline{25\,301{,}20\text{ €}}}$

   A: Keith kann nach 3 Jahren 25 301,20 € abheben.

2. Hätte Caesar am 1. Januar 44 v. Chr., also kurz vor seinem Tod, einen Geldwert von 1 € bei einer stabilen Bank mit einem Zinssatz von 1 % angelegt, wie viel Geld hätte man dann Ende 2020 abheben können? Vergleiche mit dem Betrag ohne Zinseszinsen – wenn also der Zins immer nur auf das Startkapital gegeben wird.

Lösung:

Geg.: $K_0 = 1$ €; $p\,\% = 1\,\%$ $\Rightarrow$ $q = 1 + \frac{1}{100} = 1{,}01$;
$n = 44 + 2\,020 = 2\,064$

Ges.: $K_{2\,064}$

$K_n = K_0 \cdot q^n$

$K_{2\,064} = 1 \cdot 1{,}01^{2\,064}$

$K_{2\,064} = \underline{\underline{830\,453\,820{,}44\text{ €}}}$

Dies ist eine in vielerlei Hinsicht unrealistische Aufgabe, verdeutlicht jedoch sehr gut, wie wichtig es ist, die Zinseszinsen (also die Mitverzinsung der bereits erhaltenen Zinsen) zu berücksichtigen.

A: Man hätte etwa 830 Millionen Euro abheben können. Ohne Zinseszinsen würde man jedes Jahr 1 % von 1 €, also 1 Cent bekommen und hätte nach 2 064 Jahren nur 21,64 € auf dem Konto (1 € Startkapital + 20,64 € Zinsen)!

Aufgaben

121 Alisha kann nach 5 Jahren 6 532,21 € von ihrem Festgeldkonto abheben.
Es wurde in diesen Jahren mit 1,1 % verzinst.
Welchen Betrag hatte Alisha zu Beginn angelegt?

122 Eine Bank gewährt im ersten Jahr eine Verzinsung von 2,0 %, diese steigt dann jährlich um 0,25 Prozentpunkte an.
Wie viel muss man anlegen, um nach 4 Jahren 10 000 € zu besitzen?

123 Ein Kapital von 7 250 € wird 4 Jahre auf die Bank gelegt und wächst auf insgesamt 8 002,64 € an.
a) Welcher Zinssatz wird jährlich gewährt?
b) Um wie viel Prozent ist das Kapital insgesamt gewachsen?

124 Vergleiche die beiden Angebote für eine Einzahlung von 2 000 € für eine Geldanlage über 3 Jahre.

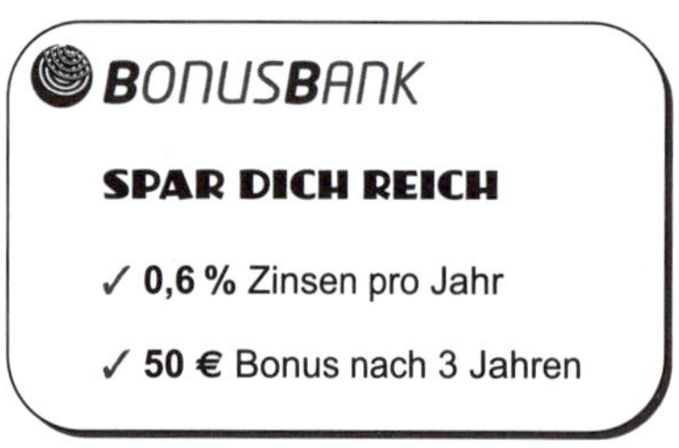

125 Ein Kapital von 2 800 € wird im ersten Jahr mit 2,5 % und in den folgenden Jahren mit 3,0 % verzinst.
Wie lange dauert es, bis es auf 3 000 € angewachsen ist?

8 Statistik – Häufigkeiten, Kennwerte und Boxplots

Daten werden zunächst erfasst, d. h. gesammelt und geordnet dargestellt. Dann können sie noch ausgewertet werden – dies nennt man **Statistik**. Die 13 wichtigsten Begriffe der Statistik werden im Folgenden eingeführt und anhand des unten stehenden Beispiels eingeübt.

Beispiel

Die Körpergröße von Schülern wird erfasst.
Man erhält folgendes Ergebnis (alle Angaben in cm):
157 153 169 152 159 161 162 168 164 166 157 182 176 178 181 171

Merke

1. Die **Anzahl aller erfassten Daten** wird mit n bezeichnet.
2. Eine **Rangliste** ist eine aufsteigend sortierte Liste mit Rangplätzen. Wert auf Rang i: x_i

Rang	1	2	3	4	5	…	n
Wert	x_1	x_2	x_3	x_4	x_5	…	x_n

3. Die **absolute Häufigkeit** gibt an, wie oft ein bestimmter Datenwert vorkommt.
4. Die **relative Häufigkeit** ist der Quotient aus absoluter Häufigkeit und Anzahl (wird in Prozent angegeben).

Beispiele

1. Anzahl aller erfassten Daten: n = 16
2. Rangliste:

Rang	1	2	3	4	5	6	7	8	9	10	11	12	13	14	15	16
Wert	152	153	157	157	159	161	162	164	166	168	169	171	176	178	181	182

3. absolute Häufigkeit (tatsächliche Anzahl):
Dazu muss eine Bedingung vorliegen, z. B.: Körpergröße kleiner als 160 cm.
absolut: 5 konkret: 152 153 157 157 159
4. relative Häufigkeit (prozentualer Anteil):
Dazu muss eine Bedingung vorliegen, z. B.: Körpergröße kleiner als 160 cm.
relativ: $(5:16) \cdot 100\,\% = 31{,}25\,\%$

Merke

5. Der **Mittelwert** ist der Quotient aus der Summe aller Daten und der Anzahl (auch **arithmetisches Mittel** oder **Durchschnitt** genannt).
6. Der **Modalwert** ist der am häufigsten vorkommende Wert in einer Datenmenge.

Beispiele

5. Mittelwert: $\overline{x} = (152 + 153 + \ldots + 182) : 16 = 2\,656 : 16 = 166$ cm
6. Modalwert: 157 cm

Merke

7. Der **Zentralwert** (oder **Median**) ist ein Wert in der Mitte einer Rangliste.
   Bestimmung von z: falls $n \cdot 0{,}5 \notin \mathbb{Z} \rightarrow$ Wert auf nächsthöherem Rangplatz; falls $n \cdot 0{,}5 \in \mathbb{Z} \rightarrow$ Mittelwert von $x_{n \cdot 0{,}5}$ und $x_{n \cdot 0{,}5+1}$
8. Das **Minimum** ist der kleinste Wert einer Datenmenge.
9. Das **Maximum** ist der größte Wert einer Datenmenge.
10. Die **Spannweite** ist die Differenz aus Maximum und Minimum.

Beispiele

7. Zentralwert: $z = 165$ cm

Rang	1	2	3	4	5	6	7	8	9	10	11	12	13	14	15	16
Wert	152	153	157	157	159	161	162	**164**	**166**	168	169	171	176	178	181	182

165

bzw. errechneter Wert: $16 \cdot 0{,}5 = 8 \in \mathbb{Z} \Rightarrow z = \frac{x_8 + x_9}{2} = \frac{164 + 166}{2} = 165$ cm

8. Minimum: $x_{min} = 152$ cm
9. Maximum: $x_{max} = 182$ cm
10. Spannweite: $d = 182 - 152 = 30$ cm

Merke

11. Die **Quartile** teilen eine Rangliste in vier Abschnitte auf. In jedem Abschnitt befinden sich mindestens 25 % aller Werte der Rangliste.
    Die Quartile liegen mittig zwischen den benachbarten Kennwerten dieses Schemas:

x_{min}	q_u	z	q_o	x_{max}
Minimum	**unteres Quartil**	Zentralwert (mittleres Quartil)	**oberes Quartil**	Maximum

Bestimmung von q_u: falls $n \cdot 0{,}25 \notin \mathbb{Z} \rightarrow$ Wert auf nächsthöherem Rangplatz; falls $n \cdot 0{,}25 \in \mathbb{Z} \rightarrow$ Mittelwert von $x_{n \cdot 0{,}25}$ und $x_{n \cdot 0{,}25+1}$

Bestimmung von q_o: falls $n \cdot 0{,}75 \notin \mathbb{Z} \rightarrow$ Wert auf nächsthöherem Rangplatz; falls $n \cdot 0{,}75 \in \mathbb{Z} \rightarrow$ Mittelwert von $x_{n \cdot 0{,}75}$ und $x_{n \cdot 0{,}75+1}$

12. Der **Quartilabstand** ist die Differenz aus oberem und unterem Quartil.
13. Ein **Boxplot** ist ein Schaubild zur Datenverteilung. Enthalten sind: Minimum, unteres Quartil, Zentralwert, oberes Quartil und Maximum. Zwischen den Kennwerten befinden sich jeweils 25 % aller Werte.

Beispiele

11. unteres Quartil: 158 cm; oberes Quartil: 173,5 cm

Rang	1	2	3	4	5	6	7	8	9	10	11	12	13	14	15	16
Wert	152	153	157	**157**	**159**	161	162	164	166	168	169	**171**	**176**	178	181	182

158 **173,5**

bzw. errechnete Werte:

unteres Quartil: $16 \cdot 0{,}25 = 4 \in \mathbb{Z} \Rightarrow q_u = \frac{x_4 + x_5}{2} = \frac{157 + 159}{2} = 158$ cm

oberes Quartil: $16 \cdot 0{,}75 = 12 \in \mathbb{Z} \Rightarrow q_o = \frac{x_{12} + x_{13}}{2} = \frac{171 + 176}{2} = 173{,}5$ cm

12. Quartilabstand: $q = 173{,}5 - 158 = 15{,}5$ cm
13. Boxplot:

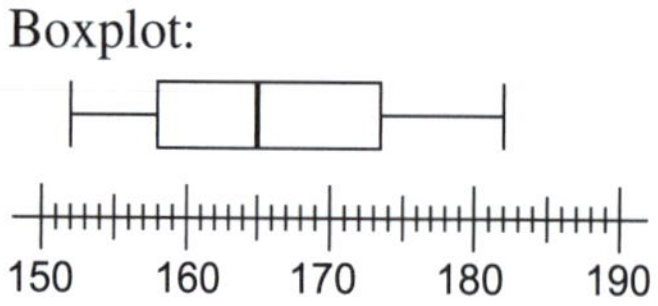

Hinweis: Viele Werte können auch mithilfe von Excel (und den entsprechenden Befehlen) ermittelt werden. Jedoch erfolgt die Berechnung der Quartile in Excel mit einer anderen (für unsere Zwecke zu komplizierten) Formel, weshalb die Ergebnisse abweichen können.

Aufgaben

126 Beim Ballwurf erzielen 10 Schülerinnen folgende Weiten (alle Angaben in m):

18,4 19,3 22,7 16,2 19,7 25,8 24,3 18,9 19,9 21,8

a) Berechne den Mittelwert und den Zentralwert.
b) Zeichne den dazugehörigen Boxplot.
c) Eine weitere Schülerin kommt hinzu, dadurch verringert sich der Mittelwert um 30 cm. Welche Weite hat diese Schülerin erzielt?

127 Eine Kamera wird in verschiedenen Geschäften zu unterschiedlichen Preisen angeboten:

159,00 € 149,00 € 154,99 € 169,00 € 164,91 €

Um wie viel Prozent liegt das teuerste Angebot über dem Durchschnittspreis?

128 Bei den 25 Schülerinnen und Schülern einer Klasse kommt es zu folgenden Zeugnisnoten:

Note	1	2	3	4	5	6
Anzahl	2	6	7	6	3	1

a) Bestimme die absolute Häufigkeit für die Bedingung „Besser als fünf" und berechne den Klassendurchschnitt.
b) Bestimme die relativen Häufigkeiten für die einzelnen Noten und zeichne hierzu ein Kreisdiagramm.
c) Erstelle einen Boxplot zur Notenverteilung.

129 Eine Maschine füllt Getränke in Flaschen ab. Der Boxplot zeigt die Ergebnisse der erfassten Stichproben (alle Angaben in $m\ell$):

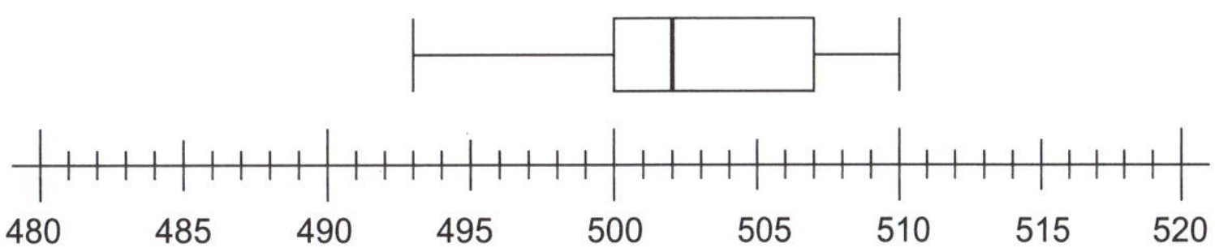

Kreuze an, ob die Aussagen für die Stichprobe richtig oder falsch sind – begründe deine Entscheidung:

	richtig	falsch
a) 75 % der Flaschen enthalten mindestens einen halben Liter.	☐	☐
b) Die durchschnittliche Füllmenge beträgt mit Sicherheit 502 $m\ell$.	☐	☐
c) Der Füllmengenunterschied ist höchstens 7 $m\ell$.	☐	☐
d) Keine Flasche enthält mehr als 510 $m\ell$.	☐	☐
e) Bei 50 % der Flaschen ist der Füllmengenunterschied höchstens 7 $m\ell$.	☐	☐
f) Bei 25 % der Flaschen ist der Füllmengenunterschied höchstens 2 $m\ell$.	☐	☐

130 In einem Test erzielten 15 Schüler*innen folgende Punktzahlen:

46 22 18 35 24 23 20 22 15 16 22 14 20 29 34

a) Um wie viele Punkte unterscheiden sich Mittelwert und Zentralwert?
b) Bestimme alle dir bekannten Kennwerte (ohne Häufigkeiten). Zeichne den dazugehörigen Boxplot.

9 Wahrscheinlichkeitsrechnung

9.1 Ergebnis, Ereignis und Wahrscheinlichkeit

In der Wahrscheinlichkeitsrechnung ist man bestrebt, die Wahrscheinlichkeit, mit der ein bestimmtes zufälliges Ereignis eintritt, zahlenmäßig, d. h. mathematisch, zu ermitteln. Während die Statistik der Analyse vorhandener Daten und Häufigkeiten dient, hat die Wahrscheinlichkeitsrechnung deren Vorhersage zum Ziel. Hierzu dienen Zufallsexperimente, auch mehrstufige hintereinander, deren Resultate man auf die Wirklichkeit überträgt.
Setzt man voraus, dass alle Ergebnisse eines Zufallsexperiments gleich wahrscheinlich sind (Laplace-Experiment), dann gilt Folgendes:

Merke

Wahrscheinlichkeit bei Zufallsexperimenten

Für die Berechnung der Wahrscheinlichkeit eines Ereignisses benötigt man …

- die **Anzahl n aller möglichen Ergebnisse** des Experiments und
- die **Anzahl m aller günstigen Ergebnisse für das Ereignis** (Zahl der Ergebnisse, die zum Eintreten des Ereignisses führen).

Die **Wahrscheinlichkeit P eines Ereignisses E** (engl. **p**robability = Wahrscheinlichkeit), kurz P(E), ist der Quotient aus der Anzahl der günstigen Ergebnisse und der Anzahl der möglichen Ergebnisse:

$$\mathbf{P(E)} = \frac{\textbf{Anzahl aller günstigen Ergebnisse für E}}{\textbf{Anzahl aller möglichen Ergebnisse}} \qquad \text{kurz: } \mathbf{P(E)} = \frac{\mathbf{m}}{\mathbf{n}}$$

Die Wahrscheinlichkeit P(E) kann als Bruch, Dezimalzahl oder in Prozent angegeben werden (siehe hierzu auch Kapitel 7.1 Prozentrechnung).
Dabei gilt: $0 \le P(E) \le 1$ bzw. $0\,\% \le P(E) \le 100\,\%$

- $P(E) = 0$ (0 %) bedeutet, dass Ereignis E sicher nicht eintritt (unmögliches Ereignis).
- $P(E) = 1$ (100 %) bedeutet, dass Ereignis E sicher eintritt (sicheres Ereignis).

Gegenereignis $\overline{E}$:
Das Gegenereignis $\overline{E}$ zum Ereignis E wird aus allen für E ungünstigen Ergebnissen gebildet. Für die **Wahrscheinlichkeit des Gegenereignisses** gilt:
$\mathbf{P(\overline{E}) = 1 - P(E)}$

Hinweis: Insbesondere bei mehrstufigen Zufallsversuchen kann die Ermittlung der Wahrscheinlichkeit über das Gegenereignis effektiver sein als die direkte Bestimmung über alle günstigen Ergebnisse. Dies trifft insbesondere bei Ereignissen zu, die „mindestens“ oder „höchstens“ enthalten.

Beispiele

1. Eine Münze hat (meist) Zahl oder Wappen, daher ist die Anzahl der möglichen Ergebnisse $n = 2$.
   Für das Ereignis „Wappen“ gibt es nur eine Möglichkeit, d. h., die Anzahl der günstigen Ergebnisse ist $m = 1$.
   Die Wahrscheinlichkeit für dieses Ereignis ist somit:
   $$P(\text{Wappen}) = \frac{m}{n} = \underline{\underline{\frac{1}{2}}} = \underline{\underline{0{,}5}} = \underline{\underline{50\,\%}}$$

2. Ein Würfel hat (meist) 6 Zahlen, daher ist die Anzahl der möglichen Ergebnisse n = 6.
   - Für das Ereignis „gewürfelte Augenzahl nicht 5“ gibt es 5 Möglichkeiten, d. h., die Anzahl der günstigen Ergebnisse ist m = 5.
     Die Wahrscheinlichkeit für dieses Ereignis ist somit:
     $$P(\text{Augenzahl nicht } 5) = \underline{\underline{\frac{5}{6}}} = \underline{\underline{83{,}3\,\%}}$$
     Alternative Berechnung über das Gegenereignis:
     $$P(\text{Augenzahl nicht } 5) = 1 - P(\text{Augenzahl } 5) = 1 - \frac{1}{6} = \underline{\underline{\frac{5}{6}}} = \underline{\underline{83{,}3\,\%}}$$
   - Für das Ereignis „gewürfelte Augenzahl gerade“ gibt es drei Möglichkeiten (2, 4, 6), d. h., die Anzahl der günstigen Ergebnisse ist m = 3.
     Die Wahrscheinlichkeit für dieses Ereignis ist somit:
     $$P(\text{Augenzahl gerade}) = \frac{3}{6} = \underline{\underline{\frac{1}{2}}} = \underline{\underline{50\,\%}}$$

Aufgaben

131 In einer Urne sind 8 Kugeln (1 rote, 3 grüne und 4 gelbe).
Wie hoch ist die Wahrscheinlichkeit, eine grüne Kugel zu ziehen?

132 Auf einer Loswand sind die Zahlen 1 bis 100 unregelmäßig verteilt und folgende Zahlen schon gezogen:

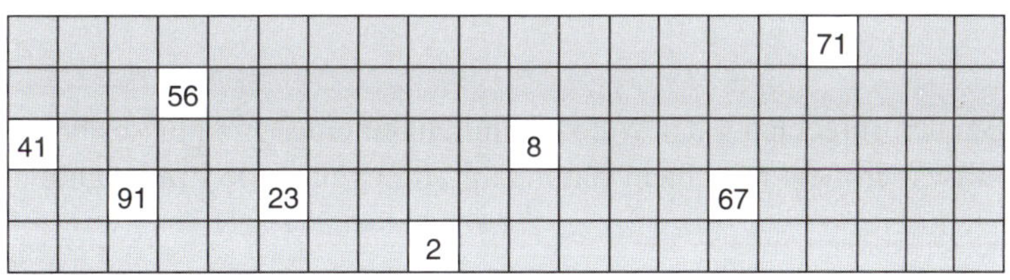

Wie groß ist die Wahrscheinlichkeit, als nächste Zahl eine gerade Zahl zu ziehen?

133 Ein „Glücksrad“ hat folgende Einteilung und wird einmal gedreht:

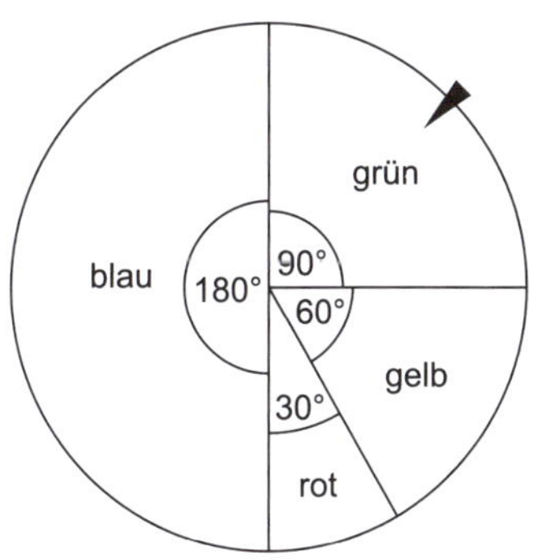

a) Wie hoch ist die Wahrscheinlichkeit, dass das Rad auf „gelb“ stehen bleibt?
b) Ist die Wahrscheinlichkeit für „rot oder blau“ größer als 60 %?

9.2 Baumdiagramm und Pfadregeln

Führt man ein Zufallsexperiment mehrfach durch (z. B. zweimal Würfeln) oder kombiniert man die Durchführung von verschiedenen Zufallsexperimenten (z. B. Würfeln und Münzwurf), spricht man von einem **mehrstufigen Zufallsexperiment**. Für die Prüfung sind maximal zweistufige Zufallsexperimente relevant.
Bei berechenbaren Zufallsexperimenten ist es günstig, ein **Baumdiagramm** zu zeichnen, insbesondere bei mehrstufigen Zufallsexperimenten. Ein Baumdiagramm ist eine grafische Darstellung des Experiments, die die (Zwischen)Ergebnisse und die zugehörigen Wahrscheinlichkeiten enthält. Bei Experimenten mit mehrfachen Ziehungen (Urne) ist zu unterscheiden, ob mit oder ohne Zurücklegen gezogen wird. Die Ergebnisse werden als Tupel (z. B. (rot; blau) oder kurz (r; b)) dargestellt.

Merke

- Beim **Ziehen mit Zurücklegen** bleiben die Wahrscheinlichkeiten bei jeder Ziehung gleich.
- Beim **Ziehen ohne Zurücklegen** ändern sich die Wahrscheinlichkeiten (veränderte Anzahl möglicher Ergebnisse, ggf. veränderte Anzahl günstiger Ergebnisse) bei jeder Ziehung.

Ob die Reihenfolge beachtet werden muss, erkennt man an der Formulierung der Ereignisse, z. B.

- „erst rot, dann blau" ⇒ **mit Beachtung der Reihenfolge** (günstig: (r; b))
- „rot und blau" ⇒ **ohne Beachtung der Reihenfolge** (günstig: (r; b), (b; r))

Bei der Berechnung der Wahrscheinlichkeit eines Ereignisses bei einem mehrstufigen Zufallsexperiment mit einem Baumdiagramm gelten die **Pfadregeln** und die **Knotenregel:**

Merke

1. Pfadregel (Produktregel):
Für jedes Ergebnis bzw. jeden Pfad berechnet man die Wahrscheinlichkeit durch das **Produkt der einzelnen Wahrscheinlichkeiten** entlang des Pfades.

2. Pfadregel (Summenregel):
Für jedes Ereignis berechnet man die Wahrscheinlichkeit durch die **Summe der Wahrscheinlichkeiten** aller günstigen Ergebnisse/Pfade.

Knotenregel:
Bildet das Baumdiagramm alle möglichen Ergebnisse ab, ist die **Summe der Wahrscheinlichkeiten, die von einem Knoten ausgehen, immer 1 bzw. 100 %**.
(Du kannst diese Regel auch zur Kontrolle benutzen.)

Beispiel

In einer Urne befinden sich 8 Kugeln (4 blaue, 3 grüne und 1 rote).
Es wird zweimal hintereinander gezogen. Betrachtet werden folgende Ereignisse:

- zweimal rote Kugel
- erst eine blaue und dann eine grüne Kugel
- zwei verschiedenfarbige Kugeln
- höchstens eine rote Kugel
- mindestens eine rote Kugel

a) Berechne die Wahrscheinlichkeiten der angegebenen Ereignisse, wenn die erste Kugel vor dem zweiten Ziehen zurückgelegt wird.

b) Berechne die Wahrscheinlichkeiten der angegebenen Ereignisse, wenn die erste Kugel vor dem zweiten Ziehen nicht zurückgelegt wird.

Lösung:

a) Baumdiagramm (Ziehen mit Zurücklegen):

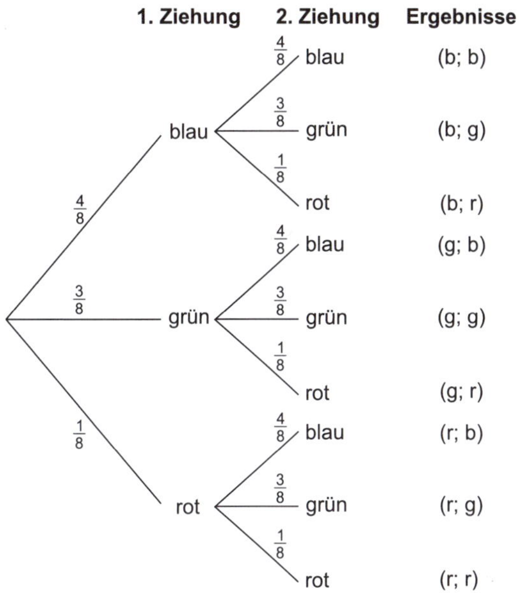

Beim Ziehen mit Zurücklegen sind bei jeder Ziehung 8 Kugeln (4 blaue, 3 grüne und 1 rote) in der Urne. Also gibt es immer 8 mögliche Ergebnisse und damit gilt immer n = 8. Für die Grundereignisse „blau“, „grün“ und „rot“ gibt es so viele günstige Ergebnisse, wie es blaue bzw. grüne bzw. rote Kugeln gibt. Damit gilt: m = 4 bzw. m = 3 bzw. m = 1. Die Wahrscheinlichkeiten in beiden Ziehungen sind also gleich und es gilt:

$P_1(b) = P_2(b) = \frac{4}{8}$

$P_1(g) = P_2(g) = \frac{3}{8}$

$P_1(r) = P_2(r) = \frac{1}{8}$

Es empfiehlt sich, die Wahrscheinlichkeiten im Baumdiagramm nicht zu kürzen! So kann auch schnell überprüft werden, ob, gemäß der Knotenregel die Summe der Wahrscheinlichkeiten, die von einem Knoten ausgehen, immer 1 beträgt $\left(\frac{4}{8}+\frac{3}{8}+\frac{1}{8}=\frac{8}{8}=1\right)$.

- Berechnung der Wahrscheinlichkeit für das Ereignis „zweimal rot“:

$$P(\text{zweimal rot}) = P(r; r)$$
$$P(\text{zweimal rot}) = \frac{1}{8}\cdot\frac{1}{8}$$
$$P(\text{zweimal rot}) = \underline{\underline{\frac{1}{64}}} = \underline{\underline{1{,}6\,\%}}$$

Für das Ereignis „zweimal rot“ gibt es nur das günstige Ergebnis (r; r). Zu diesem führt ein Pfad. Die Wahrscheinlichkeit P(r; r) ist das Produkt der Wahrscheinlichkeiten $P_1(r)$ und $P_2(r)$ entlang dieses Pfads (Produktregel) zu (r; r).

- Berechnung der Wahrscheinlichkeit für das Ereignis „erst blau, dann grün“:

$$P(\text{erst blau, dann grün}) = P(b; g)$$
$$P(\text{erst blau, dann grün}) = \frac{4}{8}\cdot\frac{3}{8}$$
$$P(\text{erst blau, dann grün}) = \frac{12}{64}$$
$$P(\text{erst blau, dann grün}) = \underline{\underline{\frac{3}{16}}} = \underline{\underline{18{,}8\,\%}}$$

Da hier die Reihenfolge beachtet werden muss, hat das Ereignis nur das günstige Ergebnis (b; g).

(Wäre nach P(blau und grün) gefragt, wäre auch das Ergebnis (g; b) günstig und die Wahrscheinlichkeit wäre doppelt so hoch.)

- Berechnung der Wahrscheinlichkeit für das Ereignis „verschiedenfarbig“:

$$P(\text{verschiedenfarbig}) = 1 - P(\text{gleichfarbig})$$
$$P(\text{verschiedenfarbig}) = 1 - [P(b; b) + P(g; g) + P(r; r)]$$
$$P(\text{verschiedenfarbig}) = 1 - \left[\frac{4}{8}\cdot\frac{4}{8} + \frac{3}{8}\cdot\frac{3}{8} + \frac{1}{8}\cdot\frac{1}{8}\right]$$
$$P(\text{verschiedenfarbig}) = 1 - \frac{16+9+1}{64}$$

Zur direkten Berechnung der Wahrscheinlichkeit des Ereignisses müssten 6 Pfade berechnet und addiert werden. Weniger aufwendig ist es über das Gegenereignis.

$$P(\text{verschiedenfarbig}) = \frac{38}{64}$$

$$P(\text{verschiedenfarbig}) = \underline{\underline{\frac{19}{32}}} = \underline{\underline{59{,}4\,\%}}$$

- Berechnung der Wahrscheinlichkeit für das Ereignis „höchstens einmal rot“:

$$P(\text{höchstens einmal rot}) = 1 - P(\text{zweimal rot})$$

$$P(\text{höchstens einmal rot}) = 1 - P(r;\, r)$$

$$P(\text{höchstens einmal rot}) = 1 - \frac{1}{8} \cdot \frac{1}{8}$$

$$P(\text{höchstens einmal rot}) = \underline{\underline{\frac{63}{64}}} = \underline{\underline{98{,}4\,\%}}$$

Zur direkten Berechnung der Wahrscheinlichkeit des Ereignisses müssten alle Pfade, bei denen keine oder eine rote Kugel vorkommt, berechnet und addiert werden. Einfacher ist es über das Gegenereignis.

- Berechnung der Wahrscheinlichkeit für das Ereignis „mindestens einmal rot“:

$$P(\text{mind. einmal rot}) = P(b;\, r) + P(g;\, r) + \underbrace{P(r;\, b) + P(r;\, g) + P(r;\, r)}_{P_1(r)}$$

$$P(\text{mind. einmal rot}) = P(b;\, r) + P(g;\, r) + P_1(r)$$

$$P(\text{mind. einmal rot}) = \underbrace{\frac{4}{8} \cdot \frac{1}{8} + \frac{3}{8} \cdot \frac{1}{8}} + \frac{1}{8}$$

$$P(\text{mind. einmal rot}) = \frac{7}{64} + \frac{8}{64}$$

$$P(\text{mind. einmal rot}) = \underline{\underline{\frac{15}{64}}} = \underline{\underline{23{,}4\,\%}}$$

Günstige Ergebnisse sind alle Ergebnisse mit ein- oder zweimal rot. Zu diesen zählen alle Ergebnisse mit rot in der 1. Ziehung. Deren Wahrscheinlichkeit entspricht der Wahrscheinlichkeit des vorhergehenden Knotens (rot in der 1. Ziehung).

„Mindestens einmal rot“ ist nicht das Gegenereignis zu „höchstens einmal rot“, denn beide beinhalten die Pfade mit einer roten Kugel! Tatsächlich bietet auch das echte Gegenereignis (kein rot) hier keinen Vorteil, da vier Pfade berechnet werden müssten.

b) Baumdiagramm (Ziehen ohne Zurücklegen):

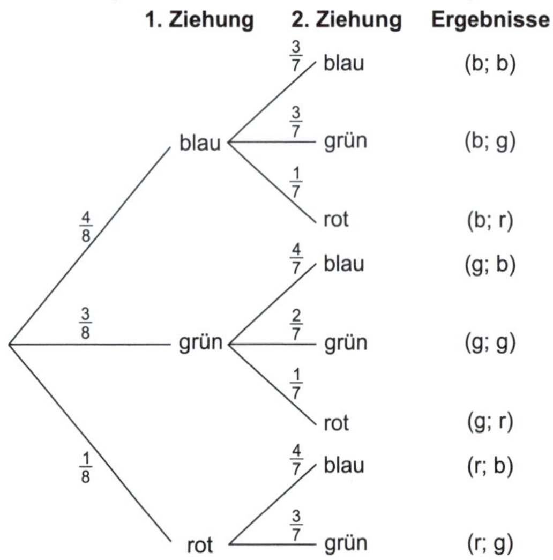

Beim Ziehen ohne Zurücklegen sind es bei der 1. Ziehung 8 Kugeln und bei der 2. Ziehung 7. Damit gilt $n_1 = 8$ und $n_2 = 7$. Die Anzahl der blauen/grünen/roten Kugeln ändert sich, falls zuvor eine gleichfarbige Kugel gezogen wurde. Beim Notieren der Wahrscheinlichkeiten der 2. Ziehung ist also der Nenner immer um 1 kleiner als in der 1. Ziehung. Der Zähler ist immer dann gleich zur 1. Ziehung, wenn eine andersfarbige Kugel gezogen wird. Wird eine gleichfarbige Kugel gezogen, ist der Zähler um 1 kleiner als zuvor.

Da anfangs nur 1 rote Kugel in der Urne liegt, kann sie nach „rot“ in der 1. Ziehung nicht mehr gezogen werden. Der entsprechende Ast im Baumdiagramm fällt weg.

- Berechnung der Wahrscheinlichkeit für das Ereignis „zweimal rot“:

$$P(\text{zweimal rot}) = \underline{\underline{0}} = \underline{\underline{0\,\%}}$$

Zum Ereignis „zweimal rote Kugel“ bzw. zum günstigen Ergebnis (r; r) gibt es keinen Pfad. Es handelt sich um ein unmögliches Ereignis.

- Berechnung der Wahrscheinlichkeit für das Ereignis „erst blau, dann grün“:

$P(\text{erst blau, dann grün}) = P(b; g)$

$P(\text{erst blau, dann grün}) = \frac{4}{8} \cdot \frac{3}{7}$

$P(\text{erst blau, dann grün}) = \frac{12}{56}$

$P(\text{erst blau, dann grün}) = \underline{\underline{\frac{3}{14}}} = \underline{\underline{21{,}4\,\%}}$

Da hier die Reihenfolge beachtet werden muss, hat das Ereignis nur das günstige Ergebnis (b; g).

(Wäre nach P(blau und grün) gefragt, wäre auch das Ergebnis (g; b) günstig und die Wahrscheinlichkeit wäre auch beim Ziehen ohne Zurücklegen doppelt so hoch.)

- Berechnung der Wahrscheinlichkeit für das Ereignis „verschiedenfarbig“:

$P(\text{verschiedenfarbig}) = 1 - P(\text{gleichfarbig})$

$P(\text{verschiedenfarbig}) = 1 - [P(b; b) + P(g; g)]$

$P(\text{verschiedenfarbig}) = 1 - \left[\frac{4}{8} \cdot \frac{3}{7} + \frac{3}{8} \cdot \frac{2}{7}\right]$

$P(\text{verschiedenfarbig}) = 1 - \frac{18}{56}$

$P(\text{verschiedenfarbig}) = \frac{38}{56}$

$P(\text{verschiedenfarbig}) = \underline{\underline{\frac{19}{28}}} = \underline{\underline{67{,}9\,\%}}$

Zur direkten Berechnung der Wahrscheinlichkeit des Ereignisses müssten 6 Pfade berechnet und addiert werden. Weniger aufwendig ist es über das Gegenereignis. Im Gegensatz zum Ziehen mit Zurücklegen fällt hierbei die Berechnung von P(r; r) weg.

- Berechnung der Wahrscheinlichkeit für das Ereignis „höchstens einmal rot“:

$P(\text{höchstens einmal rot}) = \underline{\underline{1}} = \underline{\underline{100\,\%}}$

Für dieses Ereignis sind alle Ergebnisse günstig (sicheres Ereignis). Mehr als einmal kann die rote Kugel ohne Zurücklegen nicht gezogen werden.

- Berechnung der Wahrscheinlichkeit für das Ereignis „mindestens einmal rot“:

$P(\text{mind. einmal rot}) = P(b; r) + P(g; r) + \underbrace{P(r; b) + P(r; g)}$

$P(\text{mind. einmal rot}) = P(b; r) + P(g; r) + \quad P_1(r)$

$P(\text{mind. einmal rot}) = \underbrace{\frac{4}{8} \cdot \frac{1}{7} + \frac{3}{8} \cdot \frac{1}{7}} + \frac{1}{8}$

$P(\text{mind. einmal rot}) = \quad \frac{7}{56} \quad + \frac{7}{56}$

$P(\text{mind. einmal rot}) = \frac{14}{56}$

$P(\text{mind. einmal rot}) = \underline{\underline{\frac{1}{4}}} = \underline{\underline{25\,\%}}$

Günstige Ergebnisse sind alle Ergebnisse mit ein- oder zweimal rot. Zu diesen zählen alle Ergebnisse mit rot in der 1. Ziehung. Deren Wahrscheinlichkeit entspricht der Wahrscheinlichkeit des vorhergehenden Knotens (rot in der 1. Ziehung).

„Mindestens einmal rot“ ist nicht das Gegenereignis zu „höchstens einmal rot“, denn beide beinhalten die Pfade mit einer roten Kugel! Tatsächlich bietet das echte Gegenereignis „kein rot“ hier keinen Vorteil, da vier Pfade berechnet werden müssten.

Aufgaben

134 In einer Urne befinden sich 3 schwarze, 2 rote und eine blaue Kugel.
Es wird zweimal ohne Zurücklegen gezogen.
Wie groß ist die Wahrscheinlichkeit für die Ereignisse:

a) zuerst blaue, dann rote Kugel
b) zwei schwarze Kugeln
c) zwei gleichfarbige Kugeln
d) zuerst eine rote Kugel

135 Ein Glücksrad mit 12 gleich großen Sektoren ist mit den Zahlen 1 bis 6 beschriftet.

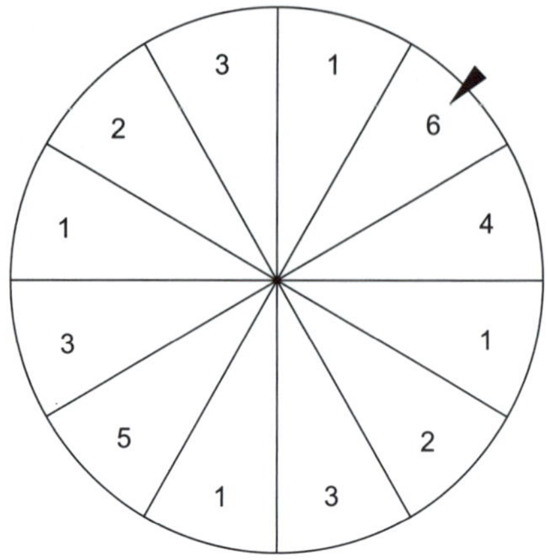

a) Das Rad wird einmal gedrcht.
Wie groß ist die Wahrscheinlichkeit für die Ereignisse:
- Das Ergebnis ist eine Primzahl.
- Das Ergebnis ist durch 2 und durch 3 teilbar.

b) Das Rad wird zweimal gedreht.
Wie groß ist die Wahrscheinlichkeit für die Ereignisse:
- Beide Zahlen sind gleich.
- Das Produkt ist kleiner als 30.

136 Zwei Würfel W_1 und W_2 sind so beschriftet, wie es die gezeichneten Netze zeigen.

W_1

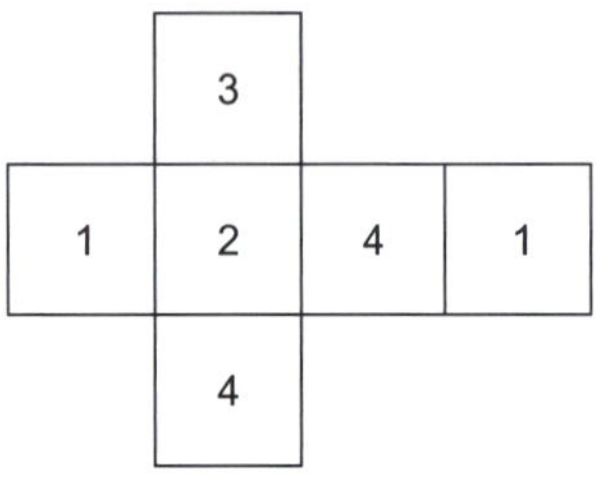

W_2

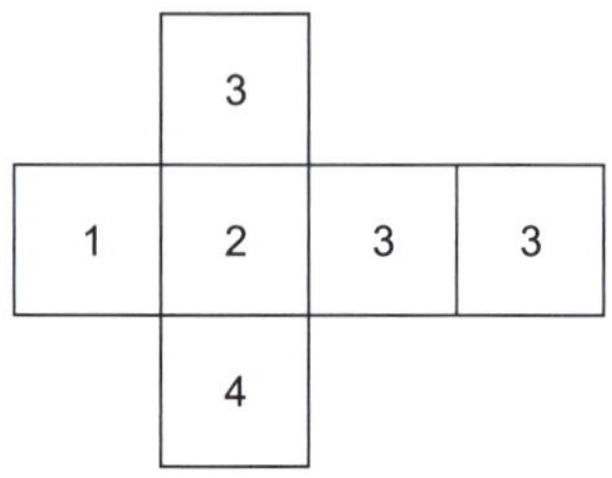

Wie groß ist die Wahrscheinlichkeit für die Ereignisse:

a) Beim zweimaligen Würfeln mit W_1 erhält man jeweils die Augenzahl „1“.

b) Beim zwcimaligen Würfeln mit W_2 erhält man beim zweiten Wurf eine doppelt so hohe Augenzahl.

c) Beim zweimaligen Würfeln mit W_2 erhält man niemals die Augenzahl „3“.

137 Eine Tombola hat 250 Lose, davon gewinnt ein Los den Hauptpreis (H), 40 Lose gewinnen einen Kleinpreis (K) und der Rest sind Nieten (N). Die Lose werden gut gemischt. Nun zieht Anja nacheinander 2 Lose und öffnet beide.
Wie groß ist die Wahrscheinlichkeit, dass Anja zumindest einen Kleinpreis, aber nicht den Hauptpreis gewinnt?

138 Eine Urne enthält zunächst eine schwarze und zwei weiße Kugeln. Es wird eine Kugel gezogen und ihre Farbe notiert. Darauf werden die gezogene Kugel und 2 weitere Kugeln derselben Farbe wieder in die Urne gelegt und ein zweites Mal gezogen.
Wie groß ist die Wahrscheinlichkeit für die Ereignisse:
- zuerst schwarze, dann weiße Kugel
- eine weiße und eine schwarze Kugel

139 In einer Urne befinden sich zwei schwarze und drei rote Kugeln. Es wird zweimal mit Zurücklegen gezogen.
Für welches Ereignis beträgt die Wahrscheinlichkeit 48 %?

9.3 Erwartungswert

Merke

Den Ergebnissen eines Zufallsexperiments können Zahlenwerte oder Größen $x_1, x_2, \ldots, x_n$ (z. B. Gewinnstufen) zugeordnet werden. Alle Ergebnisse, denen die gleichen Zahlenwerte oder Größen zugeordnet sind, fasst man zu einem Ereignis zusammen.

Addiert man für **alle diese Ereignisse die Produkte aus ihren jeweiligen Wahrscheinlichkeiten und den jeweils zugeordneten Zahlenwerten bzw. Größen**, so erhält man den **Erwartungswert E** des Zufallsexperiments.

- Bei einem Experiment mit n Zahlenwerten $x_1, x_2, \ldots, x_n$, denen die Ereignisse $E_1, E_2, \ldots, E_n$ zugeordnet sind, gilt für den Erwartungswert E:
  $\mathbf{E = P(E_1) \cdot x_1 + P(E_2) \cdot x_2 + \ldots + P(E_n) \cdot x_n}$
- Bei Gewinnspielen mit (festem) Spieleinsatz S und Gewinnstufen $G_1, G_2, \ldots, G_n$ und G_{Niete}, denen die Ereignisse $E_1, E_2, \ldots, E_n$ und Niete zugeordnet sind, erhält man als Reingewinn nur den Gewinn minus Spieleinsatz. Entsprechend gilt für den Erwartungswert E:
  $E = P(E_1) \cdot (G_1 - S) + P(E_2) \cdot (G_2 - S) + \ldots + P(E_n) \cdot (G_2 - S) + P(\text{Niete}) \cdot (G_{Niete} - S)$
  Allgemein ist bei **Gewinnspielen** mit Spieleinsatz S allerdings die **vereinfachte Formel für den Erwartungswert E** empfehlenswert:
  $\mathbf{E = P(E_1) \cdot G_1 + P(E_2) \cdot G_2 + \ldots + P(E_n) \cdot G_n - S}$
  Hinweis: In der vereinfachten Formel kann das Ereignis „Niete“, bei dem der „Gewinn“ 0 € beträgt, weggelassen werden ($P(\text{Niete}) \cdot G_{Niete} = P(\text{Niete}) \cdot 0 = 0$).

Beispiele

1. Auf dem Jahrmarkt kann man aus einer Schale mit 100 Kugeln ziehen. Darunter befinden sich 20 Gewinnkugeln, die innen rot sind. Jeder Zug kostet 1 €, jede Gewinnkugel bringt 2 €. Nach jeder Ziehung wird die gezogene Kugel wieder zurückgelegt und alle Kugeln werden durchgemischt. Simon zieht zwei Kugeln. Sein Vater zahlt den ersten Versuch für ihn, den zweiten zahlt er selbst. Berechne für beide Versuche jeweils Simons Erwartungswert.

   Lösung:
   Berechnung der Wahrscheinlichkeit für den Gewinnfall G:
   $P(G) = \dfrac{20}{100}$

   Unabhängig von Einsatz und Gewinn wird zunächst die Wahrscheinlichkeit für „Gewinn“ berechnet. Da die Anzahl der Kugeln und der Anteil der Gewinnkugeln bei beiden Versuchen identisch ist, ergibt sich bei beiden Ziehungen die gleiche Wahrscheinlichkeit.

   - Berechnung des Erwartungswerts E_1 für den 1. Versuch:
     $E_1 = P(G)\ \ G\ \ \ S_1$
     $E_1 = \dfrac{20}{100} \cdot 2 - 0$
     $E_1 = \underline{\underline{0{,}40\ €}}$

     Da beim 1. Versuch der Spieleinsatz S_1 von Simons Vater gezahlt wird, gilt für den Spieleinsatz aus Sicht von Simon $S_1 = 0$ €.

   - Berechnung des Erwartungswerts E_2 für den 2. Versuch:
     $E_2 = P(G) \cdot G - S_2$
     $E_2 = \dfrac{20}{100} \cdot 2 - 1$
     $E_2 = \dfrac{40}{100} - 1$
     $E_2 = \underline{\underline{-0{,}60\ €}}$

     Beim 2. Versuch zahlt Simon den Spieleinsatz S_2 selbst und es gilt $S_2 = 1$ €.

2. Zum Schulfest überlegt sich eine Klasse folgendes Gewinnspiel:
2 weiße und 3 schwarze Kugeln werden in eine Lostrommel (Urne) gelegt. Es müssen gleichzeitig zwei Kugeln gezogen werden. Es gilt der abgebildete Gewinnplan. Berechne den Erwartungswert für den Spieler/die Spielerin.

Ereignis	Gewinn
zweimal weiß	4 €
zweimal schwarz	2 €
Einsatz pro Spiel: 1 €	

Lösung:
Baumdiagramm:

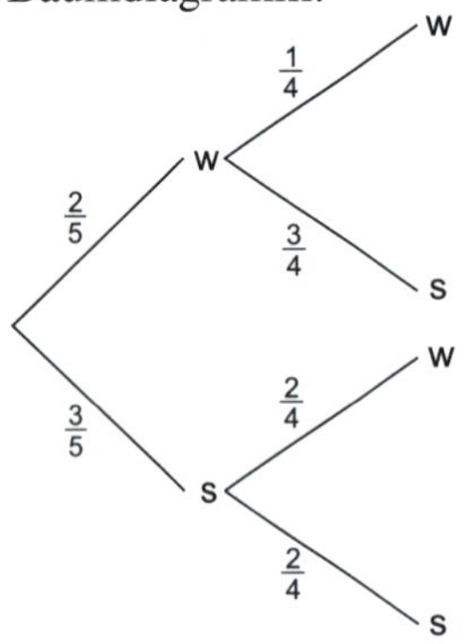

Da die Kugeln gleichzeitig gezogen werden, handelt es sich um Ziehen ohne Zurücklegen.

Berechnung der Wahrscheinlichkeiten für die Gewinnfälle:

$$P(w;w) = \frac{2}{5} \cdot \frac{1}{4} = \underline{\frac{2}{20}}$$

$$P(s;s) = \frac{3}{5} \cdot \frac{2}{4} = \underline{\frac{6}{20}}$$

Für die beiden Gewinnereignisse (w; w) und (s; s) aus dem Gewinnplan müssen zunächst die Wahrscheinlichkeiten ermittelt werden.

Berechnung des Erwartungswerts E:

$$E = P(w;w) \cdot G_{(w;w)} + P(s;s) \cdot G_{(s;s)} - S$$

$$E = \frac{2}{20} \cdot 4 + \frac{6}{20} \cdot 2 - 1$$

$$E = \frac{8}{20} + \frac{12}{20} - 1$$

$$E = \underline{\underline{0\ €}}$$

Bei der vereinfachten Formel für den Erwartungswert bei Gewinnspielen werden die Produkte aus den Gewinnwahrscheinlichkeiten und den Gewinnen summiert und am Ende der Spieleinsatz abgezogen.

Es handelt sich um ein faires Spiel, siehe nachfolgender Merkkasten.

Merke

Der **Erwartungswert E** kann als ein in die Zukunft gerichteter Mittelwert aufgefasst werden, der angibt, welcher Wert sich bei sehr vielen Durchführungen eines Zufallsexperiments im Mittel einstellen wird. Er gibt somit auch Auskunft über die **Gewinnchancen** (bzw. Verlustchancen) bei Gewinn-/Glücksspielen. Aus **Sicht des Spielers/der Spielerin** gilt:

- **E < 0:** Auf lange Sicht ist hier mit einem **Verlust** zu rechnen.
- **E = 0:** Auf lange Sicht sind hier Verlust und Gewinn **ausgeglichen**. Ein derartiges Spiel wird als „fair" bezeichnet.
- **E > 0:** Auf lange Sicht ist hier mit einem **Gewinn** zu rechnen.

Die Höhe des Erwartungswerts entspricht auf lange Sicht auch immer dem zu erwartenden Verlust bzw. Gewinn des Spielers/der Spielerin.

Beispiele

1. Beim Gewinnspiel „Fünf gewinnt fünf" wird ein Glücksrad (mit gleich großen Sektoren) zweimal gedreht. Die erdrehten Zahlen werden addiert und bei der Zahlensumme 5 gibt es 5 € Gewinn.

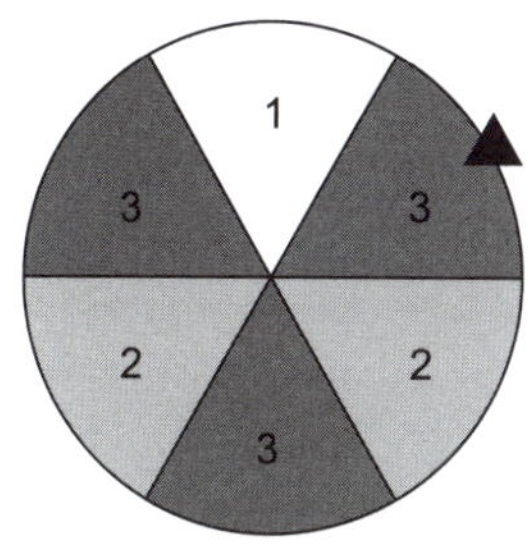

   a) Berechne den zu erwartenden durchschnittlichen Verlust/Gewinn auf lange Sicht (Erwartungswert) bei einem Einsatz von 1 € und bei einem Einsatz von 2 €. Vergleiche die Gewinnchancen in beiden Fällen.
   b) Bei welchem Einsatz ist der Erwartungswert gleich 0, das Spiel also fair?

   Lösung:

   a) Baumdiagramm:

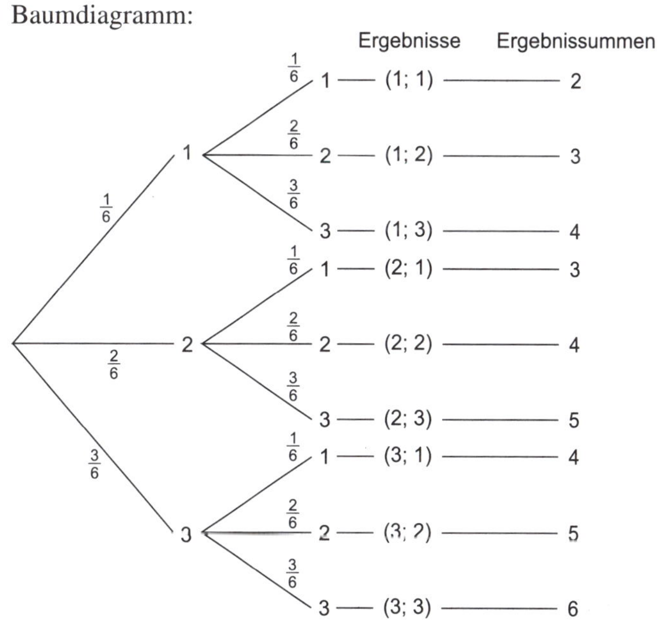

Da beim Glücksrad keine erdrehten Flächen „entnommen" werden, handelt es sich um ein Ziehen mit Zurücklegen. Die Wahrscheinlichkeiten bleiben also gleich.

Berechnung der Wahrscheinlichkeit für den Gewinnfall:

$$P(G) = P(2; 3) + P(3; 2) = \frac{2}{6} \cdot \frac{3}{6} + \frac{3}{6} \cdot \frac{2}{6} = \underline{\frac{12}{36}}$$

Die Wahrscheinlichkeit sollte hier nicht als gerundete Dezimalzahl angegeben werden. Bei der Berechnung des Erwartungswerts mit dem exakten Bruch entsteht so kein Rundungsfehler.

Berechnung des Erwartungswerts E_1 bei einem Einsatz von 1 €:

$E_1 = P(G) \cdot G - S_1$

$E_1 = \frac{\cancel{12}^{1}}{_{3}\cancel{36}} \cdot 5 - 1$

$E_1 = \frac{5}{3} - 1$

$E_1 = \frac{2}{3}$

$E_1 = \underline{\underline{0{,}67\ €}} \quad (> 0\ €)$

Berechnung des Erwartungswerts E_2 bei einem Einsatz von 2 €:

$E_2 = P(G) \cdot G - S_2$

$E_2 = \frac{\cancel{12}^{1}}{_{3}\cancel{36}} \cdot 5 - 2$

$E_2 = \frac{5}{3} - \frac{6}{3}$

$E_2 = -\frac{1}{3}$

$E_2 = \underline{\underline{-0{,}33\ €}} \quad (< 0\ €)$

Vergleich der Gewinnchancen:
Bei einem Einsatz von 1 € ist die Spielerin/der Spieler im Vorteil, d. h., sie/er gewinnt auf lange Sicht im Schnitt 0,67 € pro Spiel.
Bei einem Einsatz von 2 € ist die Spielerin/der Spieler im Nachteil und sie/er verliert auf lange Sicht im Schnitt 0,33 € pro Spiel.

b) Um einen Erwartungswert von 0 zu erreichen, muss mit einem zunächst unbekannten Spieleinsatz S gerechnet werden. Dies führt zu folgender Gleichung:

$E = P(G) \cdot G - S \quad |E = 0$

$0 = \frac{1}{3} \cdot 5 - S \quad |+S$

$S = \frac{5}{3}$

$S = \underline{\underline{1{,}67\ €}}$

A: Bei einem Einsatz von ca. 1,67 € ist das Spiel fair, d. h., weder Spieler*in noch Veranstalter*in machen auf lange Sicht Gewinn oder Verlust.

2. Bei einem Glückspiel zieht man zwei Karten verdeckt aus einem Kartenstapel, der nur 4 Buben, 3 Damen, 3 Könige und 2 Asse enthält. Es gilt der abgebildete Gewinnplan.
Wie viel Euro muss der Gewinn für das Ereignis „zwei Asse“ betragen, damit das Spiel fair ist?

Ereignis	Gewinn
zwei Asse	x
zwei Könige	3 €
richtige Abfolge*	2 €
Einsatz pro Spiel: 1,50 €	

*(Bube – Dame oder Dame – König oder König – Ass)

Lösung:

Teilweise dargestelltes Baumdiagramm:

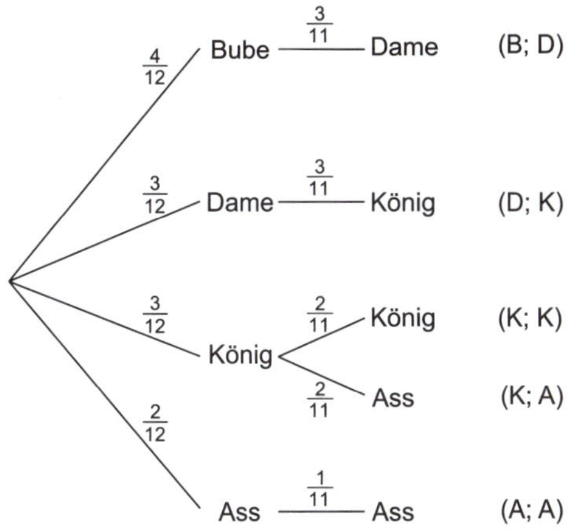

Es genügt hier, das Baumdiagramm nur für die Ergebnisse darzustellen, bei denen ein Gewinn erzielt wird.

Es handelt sich um ein Ziehen ohne Zurücklegen, darauf muss bei den Wahrscheinlichkeiten der 2. Ziehung geachtet werden.

Berechnung der Wahrscheinlichkeiten für die Gewinnereignisse:

- $P(\text{zwei Asse}) = P(A; A) = \frac{2}{12} \cdot \frac{1}{11} = \underline{\frac{2}{132}}$
- $P(\text{zwei Könige}) = P(K; K) = \frac{3}{12} \cdot \frac{2}{11} = \underline{\frac{6}{132}}$
- $P(\text{richtige Abfolge}) = P(B; D) + P(D; K) + P(K; A)$

  $P(\text{richtige Abfolge}) = \frac{4}{12} \cdot \frac{3}{11} + \frac{3}{12} \cdot \frac{3}{11} + \frac{3}{12} \cdot \frac{2}{11}$

  $P(\text{richtige Abfolge}) = \underline{\frac{27}{132}}$

Die Wahrscheinlichkeiten sollten hier nicht als gerundete Dezimalzahlen angegeben werden. Bei der Berechnung des Erwartungswerts mit den exakten Brüchen entstehen so keine Rundungsfehler.

Berechnung des Gewinns für „zwei Asse" bei einem fairen Spiel über die Formel für den Erwartungswert:

$$E = P(\text{zwei Asse}) \cdot G_{\text{zwei Asse}} + P(\text{zwei Könige}) \cdot G_{\text{zwei Könige}} \quad | E = 0$$
$$+ P(\text{richtige Abfolge}) \cdot G_{\text{richtige Abfolge}} - S$$

$$0 = \frac{2}{132} \cdot x + \frac{6}{132} \cdot 3 + \frac{27}{132} \cdot 2 - 1{,}50 \quad | \cdot 132$$

Nenner entfernen

$$0 = 2x + 18 + 54 - 1{,}50 \cdot 132$$
$$0 = 2x - 126 \quad | +126$$
$$2x = 126 \quad | :2$$
$$x = \underline{\underline{63\ €}}$$

A: Der Gewinn für „zwei Asse" müsste fur ein faires Spiel 63 € betragen.

Sollte der tatsächliche Gewinn für „zwei Asse" niedriger sein – wovon bei 63 € fast auszugehen ist –, macht man als Spieler*in auf lange Sicht Verlust.

Aufgaben

140 Ein Glücksrad besitzt 10 gleich große Felder. Pro Spiel wird einmal gedreht und nach folgendem Gewinnplan gewonnen:

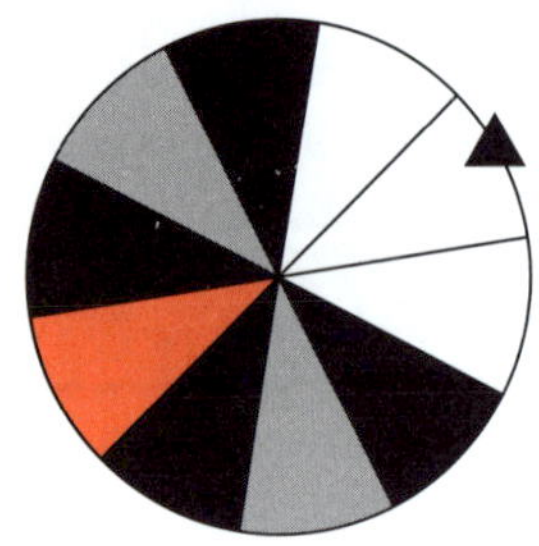

Ereignis	Gewinn
rot	5 €
grau	3 €
weiß	1 €
Einsatz pro Spiel: 1 €	

Berechne den Erwartungswert.
Bedeutet dies für den Betreiber einen Verlust oder einen Gewinn?
Welche Konsequenz hätte eine Erhöhung der Gewinne (für rote, graue und weiße Felder) *und* des Einsatzes um jeweils 1 €?

141 Bei einem Gewinnspiel wird mit 2 Würfeln gewürfelt.
Bei einem Pasch (gleiche Augenzahl auf beiden Würfeln) erhält man die (insgesamt) gewürfelte Augenzahl als Gewinn.

a) Berechne den Erwartungswert bei einem Spieleinsatz von 1 € bzw. 1,50 € und entscheide, ob das Spiel zu Gunsten oder zu Ungunsten der Spielerin/des Spielers ist.
b) Bei welchem Einsatz beträgt der Erwartungswert 0 €?

142 Eine Schulklasse möchte beim Schulfest ein Gewinnspiel veranstalten, es stehen drei Vorschläge zur Diskussion:

V1:	einmaliges Würfeln:	Gewinn bei gewürfelter „6"
V2:	zweimaliges Würfeln:	Gewinn bei Augensummen „5 oder 9"
V3:	zweimaliges Ziehen (ohne Zurücklegen) aus einer Urne mit 3 weißen und 3 schwarzen Kugeln:	Gewinn bei zwei weißen Kugeln

a) Bei welchem Vorschlag wäre die Gewinnchance für die Spielerin/den Spieler am größten?
b) Die Klasse entscheidet sich für Vorschlag 3 und verlangt 1 € Spieleinsatz bei einem möglichen Gewinn von 5 €.
Wird die Klasse auf lange Sicht Gewinn machen? Begründe deine Überlegungen.

***143** In einer Urne (Lostrommel) befinden sich 10 Kugeln:
4 Kugeln mit der Aufschrift „1"
3 Kugeln mit der Aufschrift „2"
2 Kugeln mit der Aufschrift „3"
1 Kugel mit der Aufschrift „4"

a) Es wird eine Kugel gezogen. Der Einsatz beträgt 2 € und der mögliche Gewinn entspricht der Aufschrift auf der gezogenen Kugel in Euro.
Berechne den Erwartungswert und interpretiere das Ergebnis.
b) Eva schlägt vor, die Kugeln mit der Aufschrift „1" aus der Lostrommel zu entfernen und den Einsatz auf 8 € zu erhöhen. Dafür dürfen zwei Kugeln (gleichzeitig) gezogen werden und der mögliche Gewinn entspricht dem Produkt der Aufschriften auf den beiden gezogenen Kugeln in Euro.
Welche Auswirkungen hat dies auf den Erwartungswert?

Original-Abschlussprüfungen

Realschulabschluss Baden-Württemberg
Mathematik 2023

Pflichtteil A 1

1 Punkt

Pflichtteil A 1 – Aufgabe 1

In der nebenstehenden Figur fehlen die Beschriftungen zweier Punkte und zweier Winkel. Tragen Sie die Punkte S und U sowie die Winkel δ und φ in die Kästchen ein, sodass die folgenden Aussagen zutreffen. ✎

$\sin \varepsilon = \dfrac{\overline{SU}}{\overline{RU}}$

$\cos \varphi = \dfrac{\overline{SU}}{\overline{RU}}$

$\tan \delta = \dfrac{\overline{SU}}{\overline{ST}}$

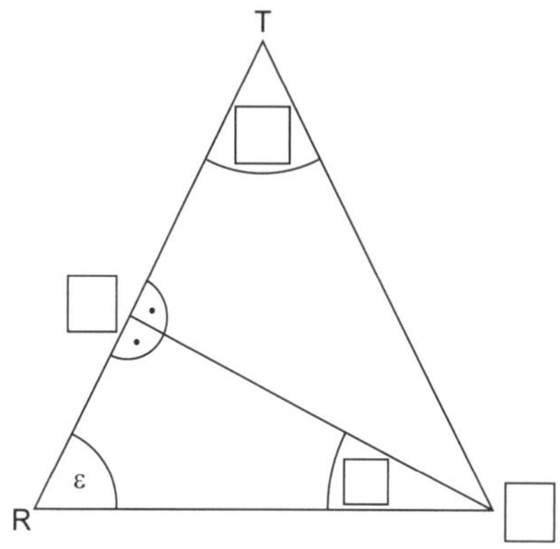

2 Punkte

Pflichtteil A 1 – Aufgabe 2

Zwei Spielwürfel werden gleichzeitig geworfen. Die Augenzahlen werden addiert (Augensumme).

a) Berechnen Sie die Wahrscheinlichkeit für das Ereignis „Augensumme ungerade".

b) Berechnen Sie die Wahrscheinlichkeit für das Ereignis „Augensumme kleiner als 4".

1 Punkt

Pflichtteil A 1 – Aufgabe 3

Auf der Oberfläche des Dreiecksprismas ist ein Streckenzug eingezeichnet. Die Grund- und die Deckfläche sind gleichseitige Dreiecke.

Auf welchem Netz ist der Streckenzug richtig abgebildet? Kreuzen Sie an. ✎

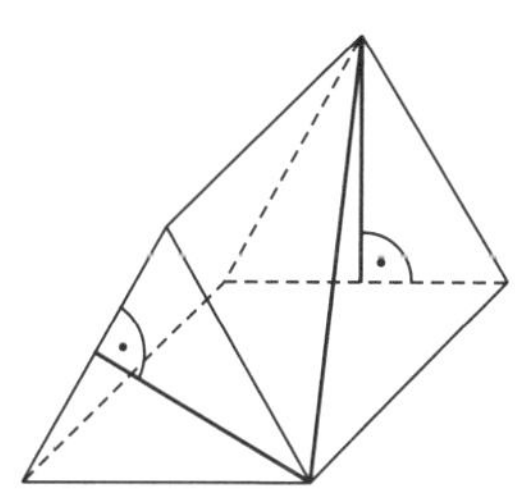

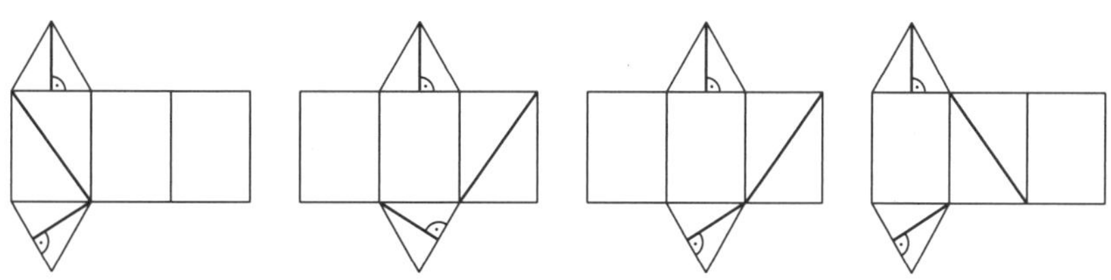

(A) ☐ (B) ☐ (C) ☐ (D) ☐

(Zeichnungen nicht maßstabsgetreu)

1 Punkt

Pflichtteil A 1 – Aufgabe 4

Die Funktionsgleichungen von drei Parabeln sind gegeben.

p_1: $y = (x+3)^2$

p_2: $y = -\frac{1}{3}x^2 - 3$

p_3: $y = (x-3)^2 - 3$

Welche der drei Parabeln schneidet die x-Achse zweimal?
Begründen Sie Ihre Entscheidung.

1 Punkt

Pflichtteil A 1 – Aufgabe 5

Welche Zahl muss eingesetzt werden?

$\sqrt{32} \cdot \sqrt{\square} - \sqrt{25} = 3$

1 Punkt

Pflichtteil A 1 – Aufgabe 6

Welche der beiden Ranglisten gehört zum abgebildeten Boxplot?
Begründen Sie mithilfe der Kennwerte.

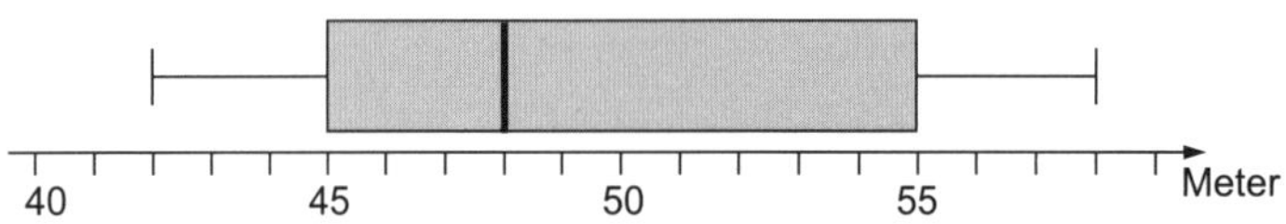

Ⓐ

Rang	1	2	3	4	5	6	7	8	9	10	11	12	13
Strecke in m	42	42	44	45	45	46	48	51	53	54	55	56	58

Ⓑ

Rang	1	2	3	4	5	6	7	8	9
Strecke in m	42	44	45	46	48	50	55	56	58

1,5 Punkte

Pflichtteil A 1 – Aufgabe 7

80 Jugendliche wurden befragt, welchen Freizeitsport sie betreiben. Die Ergebnisse dieser Befragung sind in der Tabelle abgebildet.

Welches der drei Diagramme gehört zur Tabelle?
Begründen Sie Ihre Entscheidung.

Sportart	Anzahl der Jugendlichen
Fußball	40
Handball	24
Volleyball	16

Diagramm 1

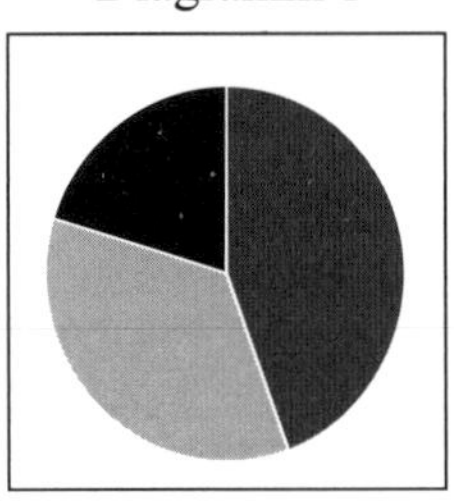

Diagramm 2

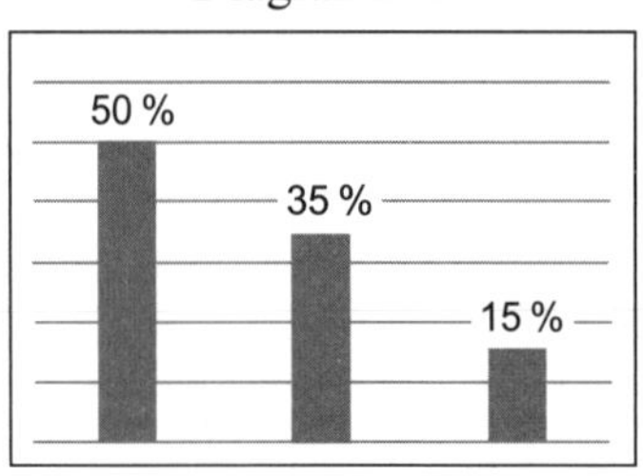

Diagramm 3

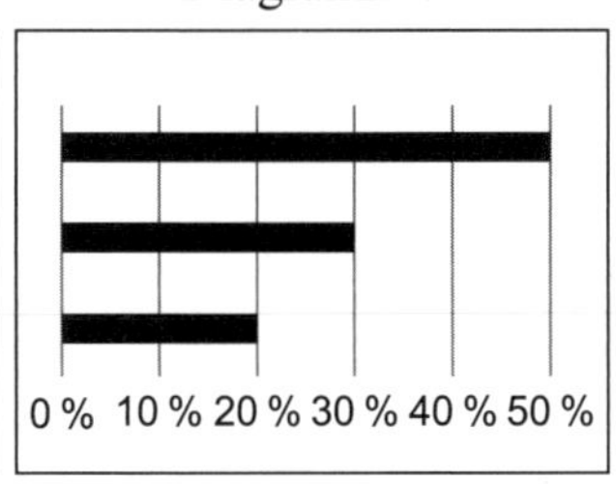

1,5 Punkte

Pflichtteil A 1 – Aufgabe 8

Emily hat vier Muster aus Plättchen gelegt.

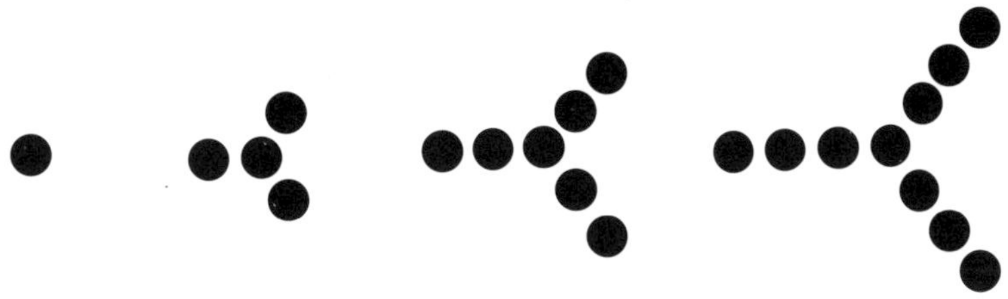

(1) (2) (3) (4)

a) Wie viele Plättchen benötigt Emily für das 8. Muster?

b) Emily möchte die Anzahl der Plättchen bei jedem Muster berechnen.
Sie hat vier Formeln zur Auswahl.

n gibt die Stelle des jeweiligen Musters an, s ist die Summe der Plättchen eines Musters.

Welche beiden Formeln kann Emily verwenden?
Kreuzen Sie jeweils richtig oder falsch an. ✎

	richtig	falsch
$s = 3n - 2$	☐	☐
$s = 3 - 2n$	☐	☐
$s = 3(n - 1) + 1$	☐	☐
$s = 2n - 1$	☐	☐

Pflichtteil A 2

3,5 Punkte **Pflichtteil A 2 – Aufgabe 1**

Im rechtwinkligen Dreieck ABC liegen die beiden gleichschenkligen Dreiecke ABD und BCD.
Es gilt:

$\overline{CD} = 6{,}3\,\text{cm}$

$\gamma = 41{,}8°$

$\overline{AD} = \overline{BD}$

$\overline{BD} = \overline{CD}$

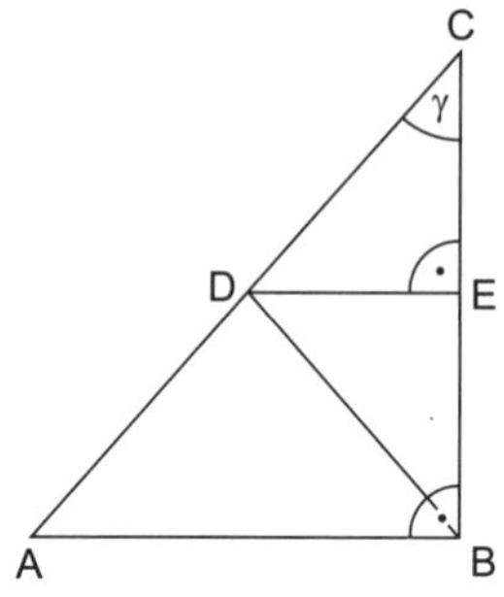

- Berechnen Sie den Umfang des Dreiecks ABD.
- Berechnen Sie den Flächeninhalt des Dreiecks ABD.

4 Punkte **Pflichtteil A 2 – Aufgabe 2**

Ein zusammengesetzter Körper besteht aus einem quadratischen Prisma mit aufgesetzter quadratischer Pyramide.
Dieser zusammengesetzte Körper wurde durch einen Parallelschnitt halbiert.
Die Schnittfläche A_S ist grau eingefärbt.

Es gilt:

$s = 16{,}3\,\text{cm}$

$\alpha = 68{,}9°$

$h_{ges} = 20{,}6\,\text{cm}$

Berechnen Sie den Flächeninhalt der Schnittfläche A_S.

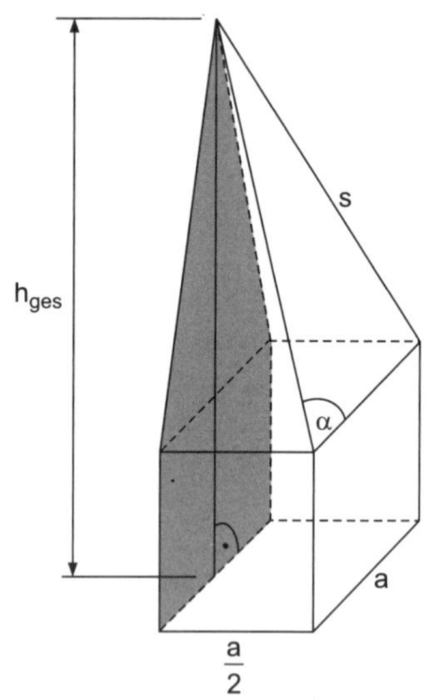

3 Punkte **Pflichtteil A 2 – Aufgabe 3**

Lösen Sie das Gleichungssystem.

(1) $3(x - y) = y + 8$

(2) $3y = \frac{x - 5}{2}$

3,5 Punkte

Pflichtteil A 2 – Aufgabe 4

Die Abbildung zeigt den Ausschnitt einer verschobenen nach oben geöffneten Normalparabel p.

- Bestimmen Sie die Funktionsgleichung der Parabel p. Entnehmen Sie dazu geeignete Werte aus der Zeichnung.

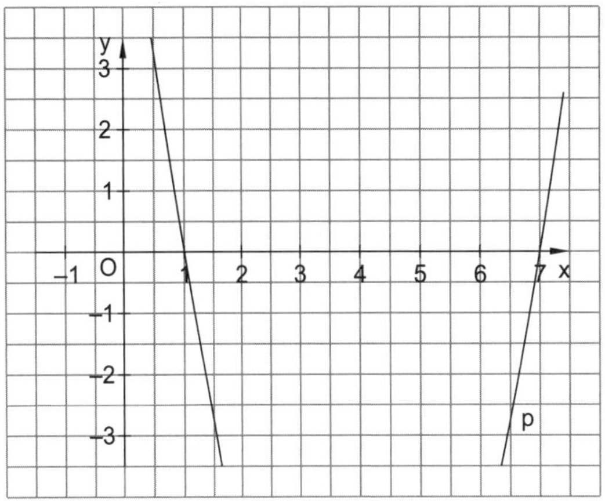

Eine Gerade g schneidet die y-Achse im Punkt $T(0|2)$ und hat die Steigung $m=-2$.

- Berechnen Sie die Koordinaten der Schnittpunkte A und B der Parabel und der Geraden.

3 Punkte

Pflichtteil A 2 – Aufgabe 5

Auf zwei Kreiseln befinden sich die Symbole ●, ▲ und ■.
Die Felder eines Kreisels sind jeweils gleich groß.
Sie sind grau bzw. weiß gefärbt.
Die beiden Kreisel werden gedreht und bleiben auf einer Kante liegen.

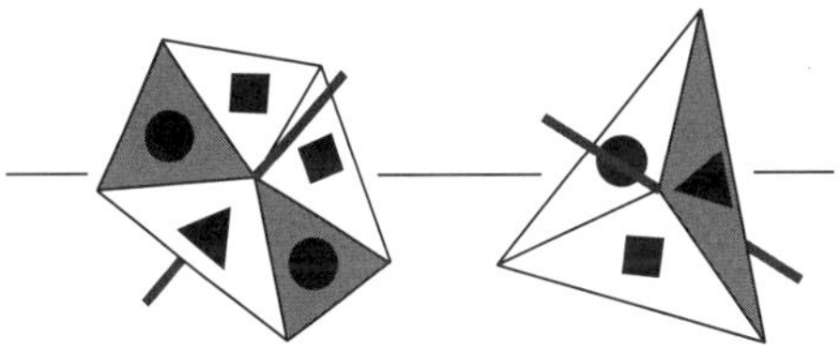

Berechnen Sie die Wahrscheinlichkeit für folgende Ereignisse:

- zwei gleiche Symbole
- Kreis und Dreieck
- höchstens ein graues Feld

3 Punkte

Pflichtteil A 2 – Aufgabe 6

Im Diagramm sind die Ausgaben für Onlinewerbung in Deutschland für die Jahre 2020 und 2021 dargestellt.

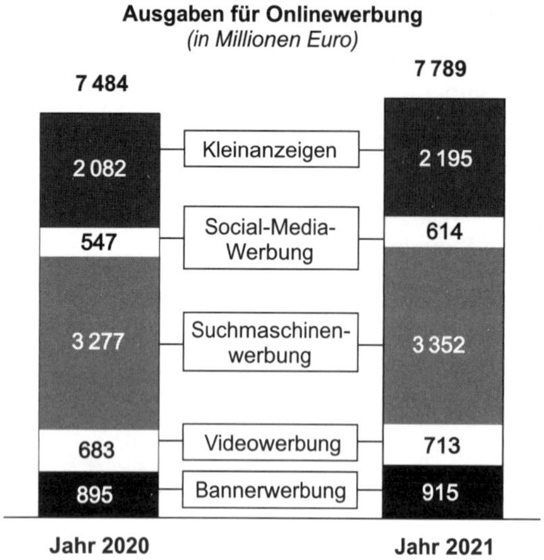

Daten nach: Statista Advertising & Media Outlook

Die Ausgaben für Onlinewerbung sind von 2020 bis 2021 angestiegen.

- Berechnen Sie den Zuwachs in Prozent.

Die Ausgaben für die Bannerwerbung lagen im Jahr 2020 um 9,5 % über dem Betrag von 2019.

- Berechnen Sie die Ausgaben für die Bannerwerbung im Jahr 2019.

Laut einer Prognose sollen in den fünf Jahren von 2021 bis 2026 die Ausgaben für die Social-Media-Werbung jährlich um 12,25 % bezogen auf das jeweilige Vorjahr ansteigen.

- Wie hoch wären die Ausgaben für die Social-Media-Werbung dann im Jahr 2026?

Wahlteil B

Wahlteil B – Aufgabe 1

5 Punkte

a) Das gleichschenklige Dreieck ABC und das rechtwinklige Trapez FBDE überdecken sich teilweise.

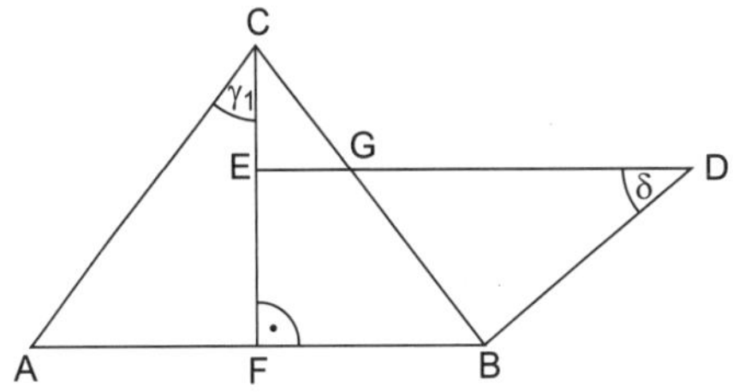

Es gilt:
$\overline{AC} = 11,4\text{ cm}$
$\overline{BD} = 8,2\text{ cm}$
$\gamma_1 = 37,6°$
$\delta = 39,2°$
$\overline{AC} = \overline{BC}$

Berechnen Sie den Flächeninhalt des Vierecks FBGE.

5 Punkte

b) Eine nach oben geöffnete verschobene Normalparabel p mit der Form $y = x^2 + bx - 2$ geht durch den Punkt $A(1\,|\,1)$.

- Berechnen Sie die Funktionsgleichung der Parabel p.

Die Parabel p geht auch durch den Punkt $B(-3\,|\,y_B)$.
Sie schneidet die y-Achse im Punkt C.

- Bestimmen Sie die Koordinaten der Punkte B und C.

Die Punkte A, B und C bilden das Dreieck ABC.

- Berechnen Sie den Flächeninhalt des Dreiecks ABC.

Die Gerade g geht durch den Punkt C und hat die Steigung $m = -3$.

- Geben Sie die Funktionsgleichung von g an.

Julius behauptet: „Die Gerade g halbiert den Flächeninhalt des Dreiecks ABC."

- Überprüfen Sie diese Aussage und begründen Sie Ihre Antwort durch Rechnung oder Argumentation.

Wahlteil B – Aufgabe 2

5 Punkte

a) Zu einer verschobenen nach oben geöffneten Normalparabel p_1 gehört die unvollständige Wertetabelle.

x	1	0	1	2	3	4	5
y		1				1	

- Bestimmen Sie die Funktionsgleichung von p_1.
- Vervollständigen Sie die Wertetabelle. ✎

Die Gerade g hat die Funktionsgleichung $y = mx - 2$ und geht durch den Punkt $P(3\,|-5)$.

- Berechnen Sie die Funktionsgleichung von g.
- Zeigen Sie rechnerisch, dass g keinen Schnittpunkt mit p_1 hat.
- Geben Sie die Funktionsgleichung einer verschobenen nach oben geöffneten Normalparabel p_2 an, die keinen Schnittpunkt mit g und p_1 hat.

5 Punkte

b) Aus einem Kegel wird eine regelmäßige fünfseitige Pyramide herausgearbeitet (siehe Abbildung).
Die Eckpunkte der Grundfläche der fünfseitigen Pyramide liegen auf der Kreislinie der Grundfläche des Kegels.

Es gilt:

$a = 8{,}6\ \text{cm}$ (Grundkante der Pyramide)
$h_K = 15{,}2\ \text{cm}$ (Körperhöhe des Kegels)
$h_P = 7{,}6\ \text{cm}$ (Körperhöhe der Pyramide)

Um wie viele cm^2 unterscheiden sich die Inhalte der Mantelflächen des Kegels und der Pyramide?

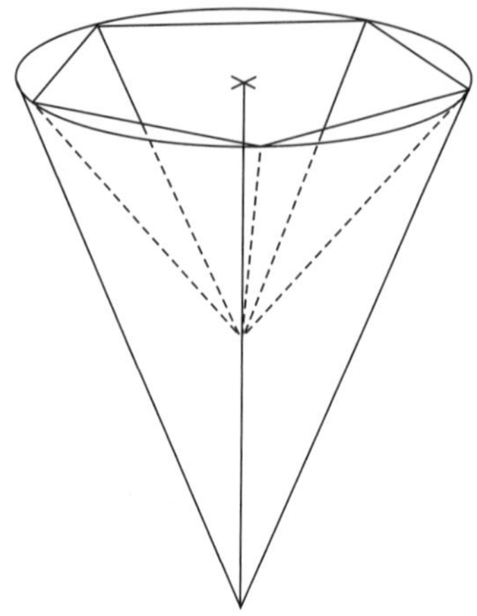

Wahlteil B – Aufgabe 3

5 Punkte

a) Die Klasse 10a verkauft Rubbellose.
Auf jedem Los befinden sich zwei Streifen.
Jeder Streifen enthält die folgenden Ziffern:

$\boxed{3}$ $\boxed{6}$ $\boxed{1}$ $\boxed{1}$ $\boxed{3}$

Die Ziffern sind in zufälliger Reihenfolge angeordnet. Der linke Streifen zeigt die Zehnerziffern, der rechte die Einerziffern.
Auf jedem Streifen wird genau ein Feld freigerubbelt, wodurch eine zweistellige Zahl entsteht.
Die nebenstehende Abbildung zeigt die Zahl 61.

Rubbellos

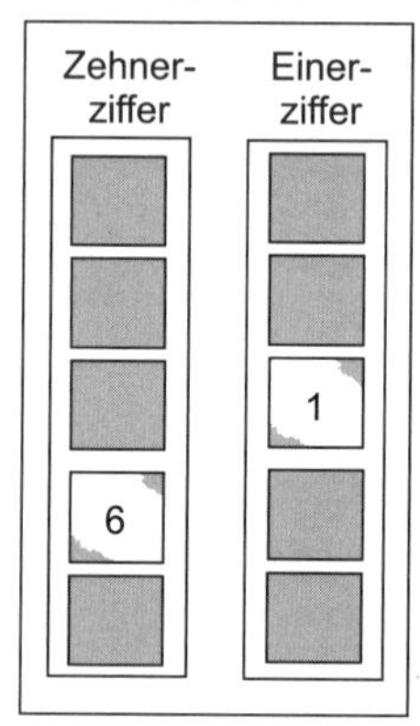

- Wie groß ist die Wahrscheinlichkeit, eine Zahl zu erhalten, die größer als 60 ist?

Die Rubbellose werden für ein Glücksspiel eingesetzt. Dazu wird nebenstehender Gewinnplan geprüft.

Ereignis	Gewinn
Zahl größer als 60	3,00 €
Zahl 33	6,00 €
restliche Möglichkeiten	kein Gewinn
Einsatz: 2,00 €	

- Berechnen Sie den Erwartungswert.

Die Klasse 10a überlegt, auf jedem Streifen der Lose eine $\boxed{3}$ durch eine $\boxed{6}$ zu ersetzen.

- Erhöht sich dadurch der Gewinn für die Klasse?
  Begründen Sie Ihre Entscheidung durch Rechnung.

5 Punkte

b) Die Abbildung zeigt den Sprung eines Frosches, der annähernd die Form einer Parabel mit der Gleichung $y = ax^2 + c$ hat.
Die maximale Höhe des Sprungs ist 139 cm. Die Sprungweite beträgt 220 cm.

- Geben Sie eine mögliche Gleichung der zugehörigen Parabel an.

In einer horizontalen Entfernung von 150 cm nach dem Absprung befindet sich ein Schilfrohr, das 94 cm aus dem Wasser ragt.

- In welchem Abstand springt der Frosch darüber?

Der Sprung eines zweiten Frosches kann mit der Gleichung $y = -\frac{3}{200}x^2 + 165$ dargestellt werden.

- Welcher der beiden Frösche springt weiter?
  Berechnen Sie die Differenz der Sprungweiten.

Wahlteil B – Aufgabe 4

5 Punkte

a) Das Schaubild zeigt Ausschnitte der Parabel p_1 und der Geraden g.

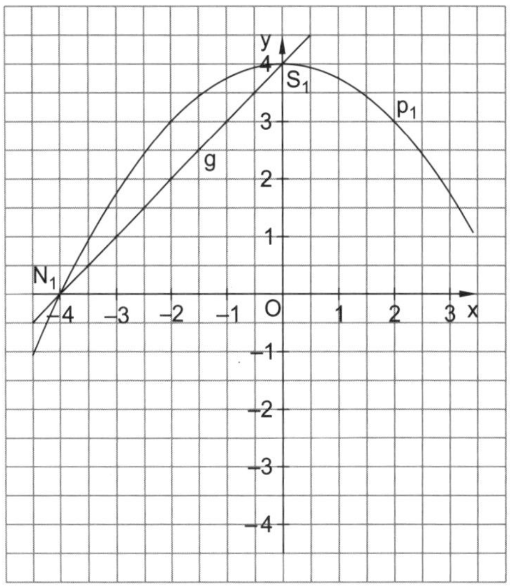

- Bestimmen Sie die Funktionsgleichungen von p_1 und g.
  Entnehmen Sie dazu geeignete Werte aus dem Schaubild.

Die Parabel p_1 schneidet die x-Achse in den Punkten N_1 und N_2.

- Geben Sie die Koordinaten von N_2 an.

Die Parabel p_2 hat die Funktionsgleichung $y = x^2 - 2x - 3$.

- Berechnen Sie die Koordinaten des Scheitelpunktes S_2 von p_2.

S_2 bildet mit S_1 und N_1 das Dreieck $S_2S_1N_1$. Ebenso bildet S_2 mit N_2 und S_1 das Dreieck $S_2N_2S_1$.

- Um wie viele Flächeneinheiten (FE) unterscheiden sich die Flächeninhalte dieser beiden Dreiecke?

5 Punkte

b) Auf einem regelmäßigen achtseitigen Prisma liegt der Streckenzug PQRS mit der Länge 38,0 cm.

Es gilt:
$\overline{AR} = 14,2$ cm
$\varepsilon = 23,0°$

Berechnen Sie die Höhe des achtseitigen Prismas.

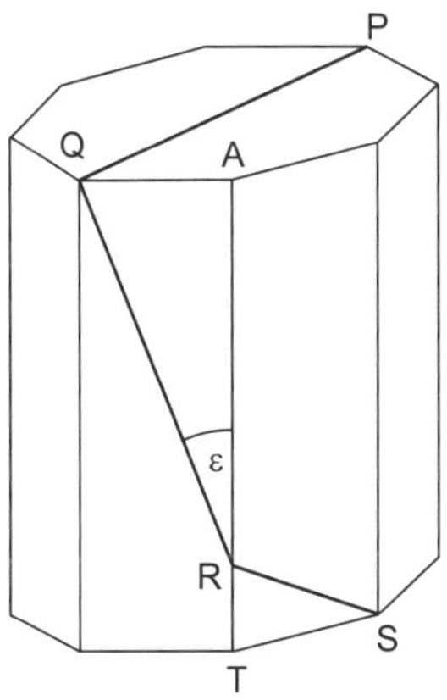

(Zeichnung nicht maßstabsgetreu)

Realschulabschluss Baden-Württemberg
Mathematik 2024

Um dir die Prüfung 2024 schnellstmöglich zur Verfügung stellen zu können, wird diese in digitaler Form veröffentlicht.

Sobald die Original-Prüfungsaufgaben 2024 zur Veröffentlichung freigegeben sind, können sie als PDF auf der Online-Plattform MySTARK heruntergeladen werden (Zugangscode vgl. Umschlaginnenseite).

Aktuelle Prüfung

www.stark-verlag.de/mystark